增材再制造技术

朱　胜　王晓明　王启伟　杨柏俊　韩国峰 著

科学出版社

北京

内 容 简 介

增材再制造技术是一种利用增材制造技术对废旧机电产品进行增材修复的工艺过程，可最大限度地挖掘废旧零件所蕴含的附加值，是资源再生的高级形式，也是发展循环经济，建设资源节约型、环境友好型社会的重要途径，更是推进绿色发展、低碳发展，促进生态文明建设的重要载体。本书概述了增材再制造技术的内涵、原理、过程及发展趋势，介绍了增材再制造过程中数字化模型的获取、构建、处理方法，以及增材成形单元的形状模型和控制模型的构建方法，阐述了电弧熔覆再制造成形、激光-电弧复合熔覆成形、磁场-激光复合熔覆成形、磁场-电弧复合熔覆成形、熔覆与铣削增减材复合成形等增材再制造技术的基本原理、系统组成、成形工艺、组织表征、性能评价及应用实例。

本书聚焦前沿、内容丰富、专业性突出、系统性强，可供装备制造与再制造等领域的工程技术人员、科研人员、管理人员参考，也可供增材再制造、装备维修、设备管理等专业学习培训使用。

图书在版编目(CIP)数据

增材再制造技术 / 朱胜等著. --北京：科学出版社，2024.6（2024.12 重印）
ISBN 978-7-03-076425-6

Ⅰ.①增…　Ⅱ.①朱…　Ⅲ.①激光材料-激光光学加工技术-研究
Ⅳ.①TN24

中国国家版本馆 CIP 数据核字（2023）第 183212 号

责任编辑：华宗琪 / 责任校对：高辰雷
责任印制：罗　科 / 封面设计：义和文创

科学出版社 出版

北京东黄城根北街16号
邮政编码：100717
http://www.sciencep.com

成都锦瑞印刷有限责任公司 印刷
科学出版社发行　各地新华书店经销

*

2024 年 6 月第　一　版　　开本：787×1092 1/16
2024 年 12 月第二次印刷　　印张：11 3/4
字数：279 000

定价：139.00 元
（如有印装质量问题，我社负责调换）

前　言

展望 2035，美丽中国建设目标将基本实现，我国经济实力、科技实力、综合国力将大幅跃升，绿色生产生活方式将广泛形成。然而，目前我国作为制造大国，尚未摆脱高投入、高消耗、高排放的发展方式，资源与能源消耗和污染排放的问题控制与国际先进水平仍存在较大差距，工业排放的二氧化硫、氮氧化物和粉尘分别占排放总量的 90%、70% 和 85%。因此，推进以低消耗、低排放为目标的先进制造与再制造技术研发刻不容缓。

增材再制造过程包括以下主要步骤，首先利用三维扫描仪等先进测量仪器对损伤零件进行扫描，获取损伤零件的数字化模型；然后对数字化模型进行处理，进而生成损伤零件计算机辅助设计(computer aided design，CAD)模型，并通过与标准模型进行比对生成再制造修复模型；而后对再制造模型进行切片分层、路径规划处理；最后通过智能控制软件和数控系统将修复材料逐层堆积固化，在恢复损伤零件尺寸和性能的同时，可根据需求进行性能提升，实现对损伤零件的增材再制造修复。

本书是由作者经系统策划、精心构思撰写的一部阐述增材再制造基本原理、技术特点、成形工艺、修复性能等内容的著作。全书共 9 章，第 1 章概述增材再制造技术的内涵、原理、过程及发展趋势；第 2 章以激光扫描测量方法为主介绍增材再制造过程中数据的获取与处理方法；第 3 章介绍数字化模型构建方法以及基于点云模型的分层算法；第 4 章基于电弧熔覆成形技术介绍成形单元的形状模型以及控制模型构建方法；第 5 章阐述载能束熔覆再制造成形的系统组成及工艺调控方法；第 6 章介绍激光-电弧复合熔覆成形的基本原理和应用；第 7 章介绍磁场-激光复合熔覆成形的基本原理及成形工艺；第 8 章介绍磁场-电弧复合熔覆成形的基本原理、成形工艺及应用实例；第 9 章介绍熔覆与铣削增减材复合成形的基本原理、成形工艺、性能评价及应用实例。

本书由再制造技术国家重点实验室朱胜、王晓明、王启伟、杨柏俊、韩国峰等撰写。各章撰写人员如下：第 1 章，朱胜、王晓明、王启伟、杨柏俊、韩国峰；第 2 章，王晓明、郭迎春、赵阳、王文宇；第 3 章，沈灿铎、周克兵、张鹏、阳颖飞、龚钰涵；第 4 章，曹勇、赵阳、王文宇、杜海东、杨俊杰；第 5 章，韩国峰、尹轶川、黄湘远、任盼、李杰；第 6 章，任智强、杜文博、田文华、文舒、陈德馨；第 7 章，王晓明、赵阳、田根、张保国；第 8 章，王启伟、韩国峰、李华莹、姚巨坤、许景伟；第 9 章，曹勇、田根、臧艳、杨善林、曹琳。全书由王晓明、王启伟、杨柏俊、韩国峰统稿。

本书的顺利出版得益于实验室多年来承担的国家重点研发计划(2018YFB1105800)、基础加强计划、973 计划、预研共用技术等重大/重点项目的资助，在此表示衷心感谢。

本书在撰写过程中，既考虑到增材再制造的基础理论性，提出了相关技术理论及评价方法，也考虑到实践性，给出了具体的增材再制造应用实例，对生产实践具有较强的指导意义。

由于作者水平有限，且增材再制造技术涉及内容丰富，发展迅速，不足之处敬请读者指正。

目　　录

第1章 概 述

随着国际经济和制造产业格局的大发展、大调整、大变革，我国制造业也将迎来新的发展机遇和挑战。目前，我国制造业的规模和总量都已经进入世界前列，成为全球制造大国，但仍存在发展模式比较粗放、技术创新能力薄弱、产品附加值低等问题，面临着能源、资源和环境等诸多外部压力。纵观人类历史，凡是知识和技术创新，无不是通过制造形成新装备才能转变为先进生产力，进而许多技术和管理创新也是围绕与制造相关的材料、工艺、装备和经营服务进行的。可以预计，未来20年，我国制造业仍将保持强劲发展的势头，将更加注重提高基础、关键、核心技术的自主创新能力，提高重大装备集成创新能力，提高产品和服务的质量、效益和水平，同时转变发展方式，优化产业结构，进而提升全球竞争力，将基本实现由制造大国向制造强国的历史性转变。

经过几十年的发展，2020年我国制造业增加值为26.6万亿元，在全球制造业占比约30%，为世界制造业第一大国。但与世界其他发达国家的制造业水平相比，我国制造业仍"大而不强"，存在的主要问题如下：

(1) 制造业设备服役年限久远，技术更新慢，阻碍了生产方式的转变。

随着产品更新换代和企业重组，数十年建设积累下来的价值数万亿元的重大装备、设备面临淘汰，但由于数量巨大，短期内难以实现全面淘汰，阻碍了我国制造业生产方式的转变。例如，我国现阶段在机械制造自动化行业的切削加工同类产品连续流水作业生产中，机械自动化设备仍然是半自动机床、自动机床、组合机床及其组成的自动线、回转体零件加工自动线等，机床类设备在我国存有量约为600万台[1]，阻碍了我国制造业由大规模流水线的生产方式向定制化规模生产的转变。我国老旧制造业设备难以适应现代化生产的现状，对再制造提出了重大需求，也为再制造产业提供了丰富的物质基础。再制造时间上的滞后性和技术上的先进性契合了废旧设备零件因失效形式、结构、性能要求等不同而产生的个性化修复需求。同时，综合运用先进的制造工艺技术、信息技术、数控技术和绿色制造技术，对废旧装备进行再制造，可提高其数字化和智能化水平，如实现智能编程、自适应控制、机械几何误差补偿、三维刀具补偿等。

(2) 资源能源利用率低，节能减排任务重。

长期以来，中国制造业主要依靠资源能源等要素投入来实现规模扩张、推动经济增长，资源能源消耗量大、利用率低、污染严重，制造业的能耗占全国一次能耗的63%，单位产品的能耗高出国际水平20%~30%[2]。与制造新品相比，再制造可节约成本50%，节能节材60%，大气污染物排放量降低70%以上。因此，资源能源短缺、节能环保要求以及日益增长的报废机械装备、大型贵重机械类装备与零件对装备再制造发展提出了迫切需求。

(3) 利润持续走低，处于国际价值链的低附加值环节。

我国制造业主要从事技术含量低、附加值低的"制造—加工—组装"环节，在附加值高的研发、设计、营销、售后服务等环节缺乏竞争力，在消耗大量资源能源和排放大量污染物的同时，所获利润却持续走低。采用再制造措施的费用，一般只占产品价格的5%～10%，却可以大幅度提高产品的性能及附加值，平均回报率高达5～20倍，从而获得更高的利润。再制造在欧美等地的发达国家的发展历史已超过50年。据统计，2020年全球再制造产业规模突破2000亿美元，其中仅美国就超过1000亿美元。再制造产业发展方兴未艾，已成为一些发达国家国民经济的重要组成部分。然而，我国在全球再制造产业占比过小，2020年我国再制造产业规模仅约为312亿美元，与欧美等地的发达国家还存在很大的差距[3]，亟须加大力度构筑我国低碳、集约、高附加值的增材再制造体系，抢占国际产业链的高端环节。

我国制造业还存在技术落后、产能过剩、资源利用率低、劳动力工资快速上涨等诸多问题。因此，作为提高我国制造业总体水平的重要环节，对增材再制造技术提出了许多重大需求。与传统的制造技术不同，增材再制造技术作为一个新发展的技术，在我国的研发投入与世界先进水平差距不大，甚至在某些方面还处于领先地位。通过有效的国家政策支持和引导，深入强化并保持增材再制造技术方面的优势，可弥补传统制造方面的不足，对实现我国制造业的跨越式发展和弯道超车，提高我国制造业的整体水平具有重要意义。

1.1 增材再制造技术的内涵

增材再制造技术是利用增材制造技术(3D打印)对废旧机电产品进行增材修复的工艺过程[4]，其过程是首先利用三维扫描仪等先进测量仪器对损伤零件进行扫描，获取损伤零件的数字化模型，然后对数字模型进行处理，进而生成损伤零件CAD模型，并通过与标准模型进行比对生成再制造修复模型；而后对再制造模型进行切片分层、路径规划处理，通过智能控制软件和数控系统将修复材料逐层堆积固化，在恢复损伤零件尺寸和性能的同时，可根据需要进行性能提升，实现对损伤零件的增材再制造修复，最大限度地挖掘废旧零件所蕴含的附加值，避免回炉和再成形等一系列加工中的资源能源消耗和环境污染。增材再制造这种基于数字模型驱动的废旧机电产品专业化修复和升级改造技术，是先进制造和绿色制造的重要组成部分[5]。

1.2 增材再制造技术的原理

增材再制造与增材制造基于相同的原理，都是以逆向工程/反求工程(reverse engineering, RE)与快速成形(rapid prototyping, RP)的设计制造理念作为技术支撑。其中，采用RE对损伤零件进行数字化测量，实现零件的快速建模，进而确定出再制造修复模型。RP可实现对三维再制造/制造模型的实际工艺过程成形。增材再制造技术不仅可以实现传统意义上损伤零件的快速修复，即"坏中修好"，还可以实现增材制造，也即"无中生有"。根据增材再制造过程中RE与RP这两者之间的数据交换方式不同，其工艺过程链主要有以下四种方法，如图1-1中(1)～(4)所示。

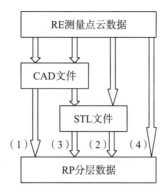

图 1-1　RE/RP 集成方法示意图

STL 指标准曲面细分语言，standard tessellation language

(1)CAD 文件分层处理。如图 1-1 中(1)所示，即对 RE 测量得到的零件表面点云数据进行特征识别、提取出面片等边界特征点、拟合边界曲线等，构造出零件 CAD 模型，然后将 CAD 文件进行分层处理，根据得到的零件分层信息数据生成数控代码进行快速成形。数据流程如图 1-2 所示。

图 1-2　基于 CAD 文件分层处理的数据流程

复杂外形零件的 RE 建模是一项既费时又费力的任务，由于受测量设备和反求技术的影响，建模效率不理想。目前曲面建模大都采用四边域建模，如何有效地进行曲面特征识别、曲面分块及曲面之间的光滑连接仍是 RE 建模应用的瓶颈[6]。

(2)点云数据三角化。点云数据三角化是避免烦琐点云数据 CAD 造型的重要手段，如图 1-1 中(2)所示，其数据流程如图 1-3 所示。

图 1-3　基于点云数据三角化的数据流程

目前，点云数据的三角化处理方法可分为两种：平面域三角化和空间域三角化。前者是指先将空间点云数据映射到一个投影平面或规则曲面上，根据其在投影面上的参数分布进行三角划分，再将划分结果加上高度信息反映到三维空间域；后者是指首先基于边或基于面的准则进行数据分块，在每一个数据块内分别进行三角划分。这两种方法对于精度要求不高、形状简单的产品是便捷适用的，但对于反映复杂表面特征的点云，无论是将其映射到一个投影面上不发生重叠，还是根据细微特征划分数据块，完成难度都较大。

(3)传统集成方法。如图 1-1 中(3)所示，传统集成方法是在考虑通用 CAD 造型系统与 RP 之间的数据接口而产生的方法，具体是将 CAD 文件转换为成形设备可以接受的编程格式，即 STL 格式，进而再对 STL 文件进行分层处理。数据流程如图 1-4 所示。

图 1-4 传统集成方法的数据流程

RP 系统自身并不具备三维造型功能，但为了得到物体的三维表面数据，RP 系统一般都会借助于商用 CAD 系统。而不同的 CAD 系统所采用的内部数据格式是不统一的，这就要求有一种中间数据格式，既要满足快速成形制造的要求，便于 RP 系统接受和处理，又要便于不同的 CAD 系统生成。美国 3D Systems 公司成功开发了 STL 中间数据格式，STL 文件是对 CAD 实体模型或曲面模型进行表面小三角形面片离散化后得到的一种由许多小三角形面片逼近的三维多面体模型。STL 文件格式的最大特点是数据格式简单、处理方便，而且与具体的 CAD 系统无关。任何具备 STL 文件接口的 CAD 系统，均能与目前大多数 RP 设备通信。因此，STL 格式现已成为公认的 RP 数据转换标准，也被工业界认定是目前的"准标准"，但是其本身也存在着一些缺点，主要有以下几个方面：

①用空间小三角形面片近似实体三维表面属于线性逼近，误差必然存在，而且曲面越复杂，误差越大；

②STL 数据模型是由一个个孤立的小三角形面片构成的，面片之间的拓扑关系没有表达；

③STL 文件存在严重的数据冗余问题，随着精度的提高，冗余量也加大；

④由于运算精度的约束和转换精度的限制，在高精度情况下，网格逼近时会出现裂缝等缺陷。

针对 STL 文件中存在的诸多问题，人们尝试了许多解决方法：①对 STL 模型进行修复处理；②直接应用 CAD 模型进行 RP 切层处理。但这些方法对于复杂产品适用性不高。

（4）RE/RP 直接集成。如图 1-1 中（4）所示，仔细分析 RP 的工作原理，不难看出 RP 的基础是零件的轮廓信息。正是为了获取零件的截面轮廓信息，提出了一种全新的方法，即对零件 CAD 模型或 STL 模型的前身点云数据直接进行分层处理，提取出零件的截面轮廓信息指导原形制作，称为 RE/RP 直接集成。这种方法的优点是绕过了三维重建和 STL 转换，避免了三维模型与点云模型间的误差，也不存在 STL 模型和三维模型间的误差，因此能显著提高处理速度和精度，其数据流程如图 1-5 所示。

图 1-5 基于 RE/RP 直接集成的数据流程

四种 RE、RP 产品设计开发方式适用对象各异，各有优缺点。但对于增材再制造的主要研究对象损伤零件，基于其表面特征的复杂和无规律性，而且需满足再制造修复的"快速性"要求，RE/RP 直接集成的方式比前几种方法适应性更强。

因此，面向再制造的 RE/RP，借鉴机器人堆焊直接金属成形技术，可以提出适用于增材再制造的技术路线，即首先由三维测量获得损伤零件的表面点云数据，然后反求构建出再制造点云模型，进而直接进行分层处理得到截面点集数据，再通过轮廓提取来获取截面轮廓数据，最后进行插值规划生成机器人堆焊路径，如图 1-6 所示。

图 1-6　面向再制造的 RE/RP 直接集成

由于再制造工程技术尚处于成长阶段，该技术实现的难点如下：

①再制造成形技术以废旧零件为毛坯，需要另外构建出缺损模型，即再制造模型；

②快速再制造成形技术也是基于离散-堆积成形的，但由于受损伤零件形状的限制，其分层算法和路径规划方法与损伤零件的形状差异有直接关系；

③要求再制造产品的性能达到或超过新品，再制造成形的材料与基体的材料会有一定的差别，需要综合考虑再制造成形工艺的问题。

1.3　增材再制造过程

1.3.1　数据获取

再制造零件的三维数据获取是通过特定的测量方法和测量设备获取零件表面离散点的几何坐标数据。作为反求工程的第一环节，其主要任务是高效率、高精度地采集零件的形貌数据。

随着新物理原理、新技术成果的不断引入，测量技术获得了长足发展，出现了各式各样的数据获取方法。目前主要的方法包括三坐标测量仪测量法、层去扫描法、投影光栅法、CT 扫描与核磁共振法、激光三角法等。其中，最具代表性的是激光三角法，由于它具有原理简单、速度较快、精度高且成本低等特点，在表面三维测量中得到了广泛应用。该方法利用具有规则几何形状的激光源(如点光源、线光源)投影到被测表面上，形成漫反射光点(光带)，在安置于某一空间位置的图像传感器(如摄像机)上成像，按照三角形原理，即可测出被测点的空间坐标。激光三角法既可以逐点测量，也可以进行光条测量，测量精度在 0.01mm 左右。

尽管目前测量技术发展迅速，但仍然存在一些关键问题有待解决和完善，主要包括以下几点：

(1)标定精度。由于透镜的变形、非线性因素等的影响，都可能导致系统传感出现误差。因此，对反求测量设备进行标定是必不可少的一部分。如何通过标定精确地确定出测量系统的参数(如摄像机的位置和方向等)，尽可能精确地建立系统误差源的模型，并对测量数据值进行补偿，是提高测量设备性能和精度的重要途径。在满足精度的条件下，提高标定效率，避免高成本的辅助设备和复杂的操作，降低劳动强度是测量系统标定方法应用成功的关键。

(2)不可测量性。不可测量性是反求测量中的难点问题之一。有时由于被测物体本身几何或拓扑，某些部分的测量数据很难获得。在基于光学、声学、磁学的扫描系统中，会由于扫描介质受到阴影或其他障碍物的影响，某些部位的数据不可测量。对于某些测量设备，一次测量中探头和被测物体都是固定的，因此只有面对探头方向可见的部分是可测量的，即使像圆柱这样简单的物体，也不可能一次测量完毕。对于某些不可测量问题往往从多个视点进行测量，然后借助于后续的数据处理软件进行数据集的拼合。

（3）测量噪声。消除测量点的集中噪声数据是坐标测量中的又一难点问题。测量环境的振动、镜面反射等都有可能引起测量噪声。另外，由于某些测量方法本身的特点，测量数据在陡峭直壁和尖锐棱边处的测量数据不可靠，存在较大的噪声。噪声数据的自动过滤必然引入一定的准则，这种准则一般是表面光顺性准则。问题的难度在于，应用统一的准则，算法很难区分无用的噪声数据和有用的细节数据。噪声过滤算法往往在剔除噪声数据的同时，也剔除了某些尖角和尖锐棱边处的数据，从而使得尖锐棱边变成了光滑过渡，这是人们不希望的效果。尤其在需要进行特征提取的情况下，处理结果将直接导致特征提取失败。

1.3.2　点云处理

三维空间中的点集称为"点云"（point cloud）或"点群"[7]。为了能有效处理各种形式的点云，将点云分为散乱点云、扫描线点云、网格化点云、多边形点云等。在实际工程中，由于曲线曲面构造方法、要求精度及光顺性等不同，对测量数据的质量、密度及组织等方面的要求不同，这就需要进行如下点云处理[8, 9]。

（1）平滑与去噪。为了降低或消除噪声对后续建模质量的影响，有必要对测量点云进行平滑滤波。数据平滑通常采用高斯、平均或中值滤波算法。高斯滤波器在指定域内的权重为高斯分布，其平均效果较小，因此在滤波的同时能较好地保持原数据的形貌。平均滤波器采样点的值取滤波窗口内各数据点的统计平均值，而中值滤波器采样点的值取滤波窗口内各数据点的统计中值，中值滤波器消除数据毛刺的效果较好。

产生噪声点的因素可分为两类：一类是由被测对象表面因素产生的误差，如表面粗糙度、波纹等缺陷；另一类是由测量系统本身引起的误差，如测量设备的精度、电荷耦合器件（charge coupled device，CCD）摄像机的分辨率、振动等。噪声点的处理方法与点云数据的排列形式密切相关。采用激光扫描法采集的数据是按激光扫描线组织的点云数据，因此可按扫描线逐行处理。对于这种数据，噪声点处理一般是借鉴数字图像处理的概念，将所获得的数据点视为图像数据，即将数据点的 z 值作为图像中像素点的灰度值来对待。

（2）压缩精简与拼接。对于高密度点云，由于存在大量的冗余数据，有时需要按照一定要求减少测量点的数量。不同类型的点云要采用不同的精简方式。散乱点云可通过随机采样的方法来精简；扫描线点云和多边形点云则可采用等间距缩减、倍率缩减、等量缩减、弦偏差缩减等方法；网格化点云一般采用等分布密度法进行数据缩减[10-12]。数据精简操作只是简单地对原始点云中的点进行删减，不产生新点。

在反求工程中，测量数据一般用于物体的三维显示或其数字模型的三维重构中，因此要求测量数据必须是坐标归一化和完整的。而在实际工程中，由于受到被测物体形状、测量方法、测量时定位夹紧等多方面的限制，一次测量常常无法获得被测物体的全轮廓数据，需改变方位进行多次测量。这种情况下，测量结果是多块位于不同空间坐标系的点云，因此在三维重构前必须完成多视测量点云的拼接。

(3)数据派生、重组及特征提取。这种操作的主要目的是获得不同形态及密度的新点云，例如，按比例缩放点云，按要求的偏置量生成新的等距点云，将点云向某指定面投影产生二维投影点云，进行网格化处理，或将其他形式的点云转化为网格化点云等。可根据给定的斜率或曲率变化梯度极限，寻找点云中的边界、棱边、坑、孔等突变特征，用于后续建模时的区域划分或特征重构[13-15]。

(4)数据排序、矢量化及分割。点云按照一定规则排序，使之在存储上具有方向性，这种排序规则被赋予了特定的几何或拓扑意义。例如，多边形点云经过排序和矢量化后，可根据排序方向来判断轮廓的内外关系。实际工程中测量对象往往不是由一张简单曲面构成的，而是由大量初等解析曲面(如平面、圆柱面、圆锥面、球面、圆环面等)及部分自由曲面组成，因此三维重构之前应将测量数据按实物原型的几何特征进行分割，然后针对不同数据区块采用不同的曲面建构方案(如初等解析曲面、B 样条曲面、Bezier 曲面、非均匀有理 B 样条(non-uniform rational B-spline，NURBS)曲面等)，最后将这些曲面区块进行拼接。

数据分割就是把点云中具有特殊含义的不同区域分割开来，使互不相交的每一个区域都满足特定区域的一致性。这是图像处理与图像分析中的一个经典问题。分割技术发展至今，区域分割主要有基于面和基于边的方法，目前已在灰度阈值分割法、边缘检测分割法、区域跟踪分割法的基础上结合特定的理论工具有了更进一步的发展。自由曲面零件采用激光扫描法进行测量时，数据点基本上位于同一等截面线上，因此基于边的曲面分片方法更适合这类点云的区域分割。基于面的方法则是根据微分几何中曲面的某些特征参数(如高斯曲率)的性质来确定属于一个面的所有数据点，而上述特征参数的求取在曲面光滑连续的情况下才有效[16, 17]。

(5)点云配准。点云配准是近年来发展迅速的数据处理技术之一，目的是确定两个点云数据集之间的几何变换关系，一旦确定了几何变换关系，一个点云数据集中的任意一点的坐标就可以通过变换运算转换到另一个数据集中对应位置的坐标。配准过程的关键问题是寻找并提取出来图像中的对应特征量，然后根据特征量求解最佳的匹配变换。例如，基于矩和主轴的配准[18-20]，其匹配的过程就是使目标的质心重合，并且主轴对齐。该方法在医学图像中应用最广泛，它的主要局限在于其对形状变异的敏感性太高，图像细节的丢失或病变都会严重影响匹配结果的准确程度，一般被用作一种初期的粗略匹配方法。而基于体素相似性的配准[21-23]，是基于图像中所有体素的匹配方法，算法比较稳定，配准精度比较高，但是算法计算复杂度高，配准速度相对较慢。

1.3.3　反求建模

反求工程中模型重建一般是先构建曲面，再根据需要将曲面表示转换为实体模型。因此，模型多采用曲面表示，模型重构一般也就是指曲面重构。曲面重构的目的是获得一个曲面的精确描述来简洁地近似物体的表面[24-26]。曲面描述可以是一系列相互连接的面片，如三角形网格；也可以是明确的函数方程，主要有代数法 $(F(x,y,z)=0)$ 和参数法 $(x=F_1(u,v)，y=F_2(u,v)，z=F_3(u,v))$ 两种表示形式。代数法虽然简单，但在描述复杂曲面形体时具有较大局限性；参数法在跨界连续性、曲面约束及局部形状控制方面性能良好，因而得到广泛研究和应用。

曲面的常见表示有三角形网格、细分曲面、明确的函数表示、暗含的函数表示、参数曲面、张量积 B 样条曲面、NURBS 曲面、曲化的面片等[27-29]。在曲面重构时选择哪种曲面表示，依赖于怎样利用被重构的曲面。如果需要放入 CAD 程序进行进一步的设计和修改，应该与实际的 CAD 程序有一致的表示，如 NURBS 曲面。若在计算机上显示，应该与图形绘制函数使用的表示一致[30]。

1.3.4　分层处理

增材再制造中每一层的加工都是根据三维模型分层所得到的截面轮廓数据形成加工轨迹，因此也被称为分层制造。零件模型无论是在造型软件中生成还是由反求工程构建，都必须经过分层处理[31, 32]才能输入 RP 设备中，因此分层算法是 RP 制造中的一个关键环节，图 1-7 为三维模型到 RP 系统的数据传输过程。分层算法不仅影响 RP 制造的精度，对制造的效率也有重要的影响[33]。

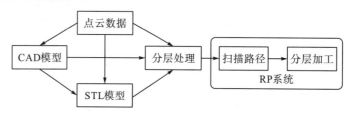

图 1-7　三维模型到 RP 系统的数据传输过程

分层算法主要有等层厚分层算法、适应性分层算法以及其他各种先进的分层算法。等层厚分层算法实现简单、程序执行速度快，但台阶效应明显；适应性分层算法采用适应性变化层厚的方法明显减小了台阶效应，而且没有大量增加处理时间，但它仍然无法完全消除台阶效应；采用斜边分层或曲面分层等先进的分层算法能够完全消除台阶效应，这是RP 技术的巨大进步，但在系统的实现上具有很大的难度。

（1）等层厚分层算法。等层厚分层算法制作的零件台阶效应明显，但在零件体积大、精度要求不高和变化层厚难以控制的情况下具有比较广泛的应用，主要有基于 STL 模型的分层算法、基于 CAD 模型的直接分层算法和点云直接分层算法等。

采用点云直接分层的方式，避开了 STL 文件的正确性校验和错误修补等耗时工作，该方法的适用范围非常广泛。点云数据的直接分层主要有三个步骤：①将点云数据根据指定分层厚度和分层方向分层，得到每层内的点；②每层内的点排序并连接，得到初始截面轮廓；③初始截面轮廓的均匀化处理。点云的分层主要有截交法和投影法两种。

截交法[33]是根据特征将点云分成不同的分区，并将每个分区内的点进行数据压缩，再把这些点连接成基于点的中间曲线模型，然后计算点的连线与分层平面的交点，再将交点有序化就得到了分层轮廓。另一种方法是采用最小距离关联点的方法来提取层面轮廓线[34]。当分层高度确定后，通过计算点到截面的距离，以判断其是否在相关区域内。这样在得到截面的邻域点集后，就可以找出所有的最小距离关联点对。通过将关联点对连线集与该分层面截交，可以得到该层截面轮廓上的数据点集，如图 1-8 所示，然后将这些轮廓点集进行有序连接和均匀化处理得到可直接输入快速成形机中的截面轮廓线。试验表明这种分层算法的截面轮廓线精度与 CAD 模型的直接分层算法相当。

投影法是把分层厚度范围内的点集向分层平面投影，得到分布在截面轮廓周围的平面点集[32]，如图 1-9 所示。这样的点集不能直接连接获得截面轮廓，必须将这些特征点顺序连接才能获得截面轮廓多边形。

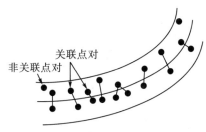

图 1-8 截面轮廓点集的计算方法

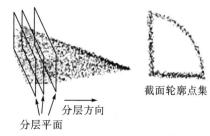

图 1-9 点云数据的投影法分层

（2）适应性分层算法。适应性分层算法是根据零件表面的粗糙度或精度的要求，适应性地变化分层的厚度，而不是采用同一个层厚来对整个模型进行分层。该算法在抑制台阶效应方面具有明显的效果，在对一些成形精度要求较高、制作精细或者零件的某些部位精度要求较高的情况下有实际指导意义。

图 1-10 为一种外部精确内部快速的分层算法[35]，该算法在零件外部采用小的分层厚度以提高表面精度，内部采用大的分层厚度以提高制造效率，可以节省 50%～80% 的制造时间。

在增材再制造过程中，由于零件各部分的精度要求并不一样，可以采用 STL 模型进行基于区域的适应性分层[36]，图 1-11 表明了该算法和传统的适应性分层算法的区别。该算法中一般层厚部分（区域 C）采用最大层厚，适应性层厚部分（区域 B）按照要求的残余高度适应性分层。

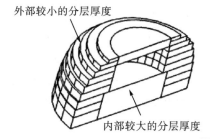

图 1-10 外部精确内部快速的分层算法[37]

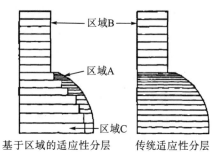

图 1-11 基于区域的适应性分层算法

（3）先进的分层算法。分层算法作为分层制造最直接的体现，通过改变分层算法提高制造精度是直接有效的途径，因此一些较为先进的分层算法被提了出来。

传统的 RP 分层都是采用平面分层[38]，采用曲面分层算法的快速成形很少见。曲面分层算法适用于制造零件的形状与分层曲面的形状极其接近、便于分层制造的情况，使零件的曲面部分由于没有台阶而变得光滑。如图 1-12 所示，某弯曲形状的零件如果用平面分层,需要 8 个分层完成,而曲面分层只需 4 层,而且不存在台阶误差。曲面分层和平面分层的计算方法类似,只是将计算交点的平面方程换成曲面方程即可。采用曲面分层的方法,在零件的表面可以达到层与层之间的连续,可以极大地减小台阶效应产生的误差[39]。

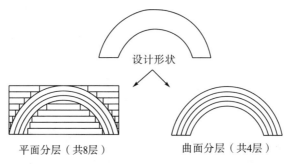

图 1-12　平面分层和曲面分层对比[40]

先进的分层算法必然对成形设备提出更高的要求,以加工分层的斜边为例,它至少需要四个自由度的加工系统来完成,成形工艺包括线切割、激光切割、水切割或者数控磨床等,这些成形设备十分昂贵且编程控制难度增大。而空间曲面成形的实现需要至少六个自由度来保证,此时引入机器人成形将成为首选。

1.3.5　路径规划

对于经过分层处理的数字模型,制定科学、高效、精确的成形路径是实现增材再制造精确成形的关键步骤。成形路径规划要综合考虑缺损模型与标准模型对比得出的缺损量及优化的成形工艺之间的衔接问题,进而在作业空间中寻找一条最优的运动轨迹及姿态。

路径规划的优劣对成形材料的变形、残余应力分布、组织、抗拉强度等将造成直接影响。合理进行堆积路径规划,则能够控制并尽可能减小堆积成形材料的应力和变形。Fessler 等分别对不锈钢和不胀钢的焊接堆积路径规划进行了研究,结果表明,与连续双向光栅堆积路径相比,采用螺旋曲线堆积路径焊接的试样变形较小[41]。Nickel 等提出了激光焊接工艺热源模型,并研究了不同堆积路径对基体变形和应力的影响,结果表明,采用由外到内的螺旋曲线堆积方式时堆积材料产生的变形较小[42]。Mughal 等采用 ANSYS 数值模拟软件研究了顺序、间隔、两边到中间、中间到两边四种不同路径规划(图 1-13)下的温度场、应力场及变形情况,结果表明:①焊接残余应力和最大变形发生在焊接堆积路径的中间截面;②“两边到中间”堆积路径模式下,焊接过程对堆积材料的热、结构影响以及变形达到最小并近似对称[43]。

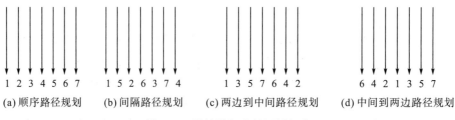

图 1-13　焊接堆积路径规划方式

在堆积成形过程中,如果燃熄弧在各层位置都相同,就会导致堆积件局部性能弱化,从而引起整体性能的不均匀。通常采用"均匀随机位向"燃熄弧焊接路径从而提高堆积件的整体均匀性。

Wurikaixi 等基于微弧等离子焊接工艺分别按纵向(平行于堆积方向)、横向(垂直于堆积方向)和正交(相邻两层间的堆积方向垂直)方向堆积了拉伸试样,并进行了拉伸试验,结果表明,纵向成形件的抗拉强度、断后伸长率均高于横向成形件,正交堆积件介于二者之间,表明焊接路径与材料的抗拉强度呈强相关性[44]。

1.3.6　增材成形

增材再制造是利用增材制造技术(3D 打印)对损伤零件进行增材修复,其技术主要基于增材制造技术,但与增材制造又有所区别。增材制造技术的对象是原始资源,最终实现的是零件的"无中生有",而增材再制造的对象是经过服役的损伤零件,最终实现"坏中修好"。由于再制造零件通常具有较长的服役时间,再制造成形技术大多晚于零件的材料制备技术,其先进性要优于后者,这也是再制造成形技术在恢复损伤零件尺寸的同时,能够提升其性能的重要原因。

能束能场再制造成形技术是利用激光、电弧、等离子等能量场和电场、磁场、超声波、火焰、电化学能等能量场实现机械零件再制造的技术,典型技术包括激光再制造技术、堆焊再制造技术、等离子/电弧/火焰喷涂再制造技术、物理/化学气相沉积再制造技术等。基于激光、电弧、等离子的能束能场再制造成形技术,因其可实现复杂形位损伤的高柔性匹配修复与再制造,已成为解决高端装备再制造和全寿命运行保障的重要手段。

增材再制造是一个非均匀加热、冷却的过程,这种不均匀性将导致应力分布的不均匀,而应力分布不均匀会引起再制造成形件的变形。因此,增材再制造成形的精度控制包括三个方面的内容,一是通过成形工艺控制最优单道形态,优化搭接系数和成形路径,实现近净成形;二是通过控制工艺或辅助设备,减小增材再制造过程中零件的热变形;三是在增材再制造成形过程中引入机械加工,即增材/减材复合再制造技术,就是在柔性增材再制造系统的基础上,配备数控铣床,通过熔覆增材制造与铣削减材加工相复合,既提高了再制造效率,又提高了再制造件精度。

1.4　增材再制造技术发展趋势

再制造是一项复杂的系统工程,流程包括回收、拆解、清洗、检测、寿命评估、损伤修复、组装等过程,其中损伤修复是再制造的核心过程,该过程依托先进的再制造技术恢复零件的外形尺寸和服役性能,增材再制造技术是实现这一过程目标的有效技术手段。朱胜[45]首次提出了增材再制造的概念,即利用增材制造技术(3D 打印)对废旧机电产品进行增材修复的工艺过程,增材再制造技术是再制造过程中损伤零件反求建模、成形分层、路径规划、堆积成形等增材技术的总称。基于激光、电弧、等离子等能束能场的增材成形技术是增材再制造技术之一,已广泛应用于车辆、舰船、重载机械、能源化工、航空航天等领域的装备再制造。

然而,增材再制造技术与传统制造技术在加工对象、加工工艺和质量控制等方面有很大的差异,存在再制造材料集约化、异质界面匹配性、成形精度难以满足零件使役性能要求等技术瓶颈[45],所面临的挑战主要表现在以下几个方面:

(1) 增材再制造材料方面的研发和产业化仍落后。增材再制造加工对象具有种类繁多、材质各异的特点,因而无法实现增材再制造材料与废旧装备零件材料的完全同质匹配,而目前适用于增材再制造技术直接对废旧机电产品进行专业化修复和升级改造的材料种类还比较少。同时,在废旧零件增材再制造过程中,由于增材再制造材料与基体材料在理化特性上存在较大差异,且废旧零件损伤表面往往为不规则表面,要实现零件损伤表面的增材再制造修复还存在异质界面匹配问题。为提高再制造产品理化特性和机械性能,满足大多数废旧零件增材再制造的需求,亟须开展增材再制造匹配材料方面的研发和产业化工作。

(2) 再制造产品的性能达不到服役要求。再制造产品的一个重要特性是产品的性能和质量达到或超过新品。基于激光、电弧、等离子等能束能场的增材成形过程是金属材料熔化与结晶的过程,结晶组织为铸态组织,而许多装备零件的制造过程为挤压、锻造、轧制等工艺或经过特定的热处理工艺,其结晶组织为变形组织,力学性能要远高于铸态组织。因此,采用能束能场增材成形技术修复的此类零件,其性能尚不能达到新品的水准。另外,基于能束能场的增材成形过程是一个非均匀加热和冷却的过程,受热影响和多层堆积的热循环作用,母材熔区周围的基体过热,容易造成晶粒粗大、热裂纹等缺陷,并产生较大的收缩变形,使得修复件的整体性能降低或发生变形。

(3) 再制造过程智能化程度低。增材再制造与增材制造都是离散-堆积的成形过程,但两者有所区别,增材再制造是以损伤的零件作为毛坯,获得缺损件的模型,与原件进行对比后获得缺损模型,得到零件的缺损模型后再进行离散分层处理,进行大量的计算生成路径程序代码,再进行逐道、逐层堆积,由点连成线,由线搭接成面,再由面堆积成体,最终使修复件恢复原有零件的形状尺寸和性能。增材再制造产品具有个性化和多样化特征,损伤零件的数字模型、装备材质、失效模式、修复位置以及修复区域表面状态表现各不相同。因此,广泛应用于增材制造中的数字模型、分层及路径规划等技术和控制软件不能直接用于增材再制造过程,尚无法实现增材再制造过程的智能化控制。

(4) 现场条件下再制造成形精度低。对于一些大型构件或难以拆卸的零件,必须在现场或原位实施在役再制造。现场在线修复过程受时间、空间、状态等多维约束的影响,难以保证材料按预定轨迹定量熔化和准确沉积,直接影响零件修复的几何精度。例如,当原位成形面为非水平面大倾角时,熔融金属受重力作用向下流动,实际成形的微单元形状偏离计算模型,产生较大误差,成形精度降低,甚至引起熔池表面下塌,出现咬边、焊瘤等缺陷而不能成形,只能采取机械加工的办法进行后续加工去除或增加后续的堆积量来达到工件尺寸的要求,影响成形的效率和质量。

面对我国制造业老旧设备存量大、资源能源利用率低、产业利润持续走低等现实问题,再制造必须迎难而上,应对挑战,突破瓶颈,抓住当前再制造发展的重大机遇,实现再制造产业的重大突破。增材再制造技术的发展趋势包括以下五个方面:

(1) 增材再制造向柔性化方向发展。由于废旧零件的多样性以及损伤模式的复杂性,传统上适用于品种单一、批量大、设备专用的生产模式已无法满足多维约束条件下增材再制造对产品质量和生产效率的要求。为了提高复杂结构零件的增材再制造质量和效率，柔性增材再制造技术便应运而生。

柔性增材再制造系统主要由四部分构成，即作为反求建模的三维激光扫描仪子系统、作为夹持机构的六自由度机器人子系统、作为增材再制造的成形设备子系统、作为离线编程控制器的计算机子系统，其工作原理是采用非接触式的三维激光扫描仪获取废旧零件的表面信息，反求获得零件缺损模型，并生成分层和路径规划等再制造程序，通过选择与损伤机理、损伤形式以及损伤零件材料种类相匹配的增材再制造成形设备，实施基于极坐标控制的增材再制造过程，完成多维约束条件下的非对称、曲面等复杂结构零件的再制造。柔性增材再制造高效、灵活的特性推动了中国特色再制造向精益生产和敏捷制造的转变，是对再制造技术的创新发展。

(2) 增材再制造向智能化方向发展。智能制造是新一轮工业革命的核心技术，因此发展基于人工智能的数值模拟与软件仿真技术，可揭示增材再制造成形过程中的传热、传质规律，为精确控形和控性提供理论指导。通过对增材再制造过程相关数据进行采集、处理、分析与整合，大数据支持技术能为工艺参数优化、分层和路径规划、温度控制等提供依据，增材再制造过程具有更完善的判断与适应能力，实现增材再制造向定量的数字化过程转变。实施基于结构光视觉传感的增材再制造过程自动化、智能化动态监测，形成再制造过程温度场-应力场-变形场的反馈控制，保证增材再制造材料按预定轨迹准确沉积以及按位置定量熔化，使涂覆/熔覆层均匀一致，与损伤零件基体可靠结合，实现增材再制造过程中质量的控制。通过开发与研究缺损模型快速测量方法、数字模型重构、成形策略优选、分层切片与路径规划及复杂形位成形微单元模型等智能增材再制造技术，并集成为智能化增材修复成套系统，设备能够自主适应损伤零件现场环境和空间约束条件，自动识别定位零件待修复部位，智能重构缺损模型和处理数据，并切片分层生成修复路径，使增材修复过程具有更完善的判断与适应能力，实现再制造过程中质量和精度的控制。

(3) 增材再制造向多能束能场及数字化加工复合成形方向发展。单一的能束能场成形技术和方法在再制造工程中都有其应用的局限性，基于激光、电子束、电弧等能束能场的增材成形技术与热、力、声、振、磁等能场以及先进的数控加工技术和后处理技术复合，可以进一步优化成形层的内部组织，提高再制造成形的精度、性能和效率，是未来能束能场增材成形技术发展的一个重要方向。例如，在柔性增材再制造系统的基础上，配备数字化加工系统，使熔覆增材再制造与数字化减材加工相复合[46]。通过研究适应于增材再制造熔覆层/基体异质材料-非平衡组织-非均匀力学情况下的机械加工机理、机器人路径规划和刀具运动轨迹控制方法以及再制造熔覆层非光滑表面的柔性精密低应力平整化加工技术，构建由机器人柔性堆积成形、激光扫描盈余模型获取与数字化五轴加工去除的增材再制造复合系统。实现柔性增材再制造过程形状的精确控制，在提高增材再制造产品几何精度的同时，又提高了增材再制造的效率。

(4) 增材再制造向材料集约化方向发展。通过对老旧设备零件损伤机理、损伤形式以及损伤零件材料的种类进行分析，开展修复成形材料集约化设计。主要以增材再制造材料与基体的冶金相容性和性能匹配性为原则，采用集约化材料设计的理念，构建装备零件常用铁基、镍基、钛基、铝基等增材再制造材料的设计和选配体系，以少数广谱集约化材料对大量上述材质的废旧金属零件进行增材再制造。

（5）增材再制造向装备集成移动式方向发展。大型装备拆卸难、拆卸成本高，装备停机修复的经济效益或社会效益损失巨大，而在线修复与再制造仍是制约装备再制造发展和亟须突破的瓶颈问题，因此增材再制造技术未来的发展趋势是能束能场增材成形装备集成化，再制造装备能够通过陆、海、空运条件快速抵达修复现场，完成快速高效的优质修复与再制造，为大型装备尤其是流程工业装备金属零件在线、高效率、高精度、高性能修复提供技术支撑。

参 考 文 献

[1] 郭朝先, 王宏霞. 中国制造业发展与"中国制造2025"规划[J]. 经济研究参考, 2015, (31): 3-13.

[2] 路甬祥. 走向绿色和智能制造——中国制造发展之路[J]. 中国机械工程, 2010, 21(4): 379-386, 399.

[3] 李恩重, 史佩京, 徐滨士, 等. 我国再制造政策法规分析与思考[J]. 机械工程学报, 2015, 51(19): 117-123.

[4] 朱胜. 柔性增材再制造技术[J]. 机械工程学报, 2013, 49(23): 1-5.

[5] 徐滨士, 朱绍华. 表面工程的理论与技术[M]. 2版. 北京: 国防工业出版社, 2010.

[6] 赵吉宾, 刘伟军. 快速成型技术中分层算法的研究与进展[J]. 计算机集成制造系统, 2009, 15(2): 209-221.

[7] 程俊廷. 反求工程关键技术的研究[D]. 阜新: 辽宁工程技术大学, 2007.

[8] Tamás V, Martin R R, Jordan C. Reverse engineering of geometric models-an introduction[J]. Computer-Aided Design, 1997, 29(4): 255-268.

[9] Tai C C, Huang M C. The processing of data points basing on design intent in reverse engineering[J]. International Journal of Machine Tools&Manufacture, 2000, (13): 1913-1927.

[10] Zuliani M, Kenney C, Manjunath B S. A mathematical comparison of point detectors[C]. Conference on Computer Vision and Pattern Recognition Workshop, Washington, 2004: 172.

[11] Guezlec A. "Meshsweeper": Dynamic point-to-polygonal-mesh distance and applications[J]. IEEE Transactions on Visualization and Computer Graphics, 2001, 7(1): 47-61.

[12] 吴剑波, 赵宏, 谭玉山. 一种解决光刀断线问题的新方法[J]. 光学技术, 2001, 27(2): 189-191.

[13] Jeongtae K, Jeffrey A F. Image registration using robust correlation[C]. IEEE International Symposium on Biomedical Imaging, Washington, 2002: 353-356.

[14] Benjemaa R, Schmitt F. Fast global registration of 3D sampled surfaces using a multi-z-buffer technique[J]. Image and Vision Computing, 1999, 17(2): 113-123.

[15] 贺俊吉, 张广军. 结构光三维视觉检测中光条图像处理方法研究[J]. 北京航空航天大学学报, 2003, 29(7): 593-597.

[16] 彭荣华, 钟约先, 张吴明. 三维无接触测量中多摄像头拼接技术[J]. 机械设计与制造, 2002, (5): 64-65.

[17] 柯映林, 刘云峰, 范树迁, 等. 基于特征的反求工程建模系统RE-SOFT[J]. 计算机辅助设计与图形学学报, 2004, 16(6): 799-811.

[18] Alpert N M, Bradshaw J F, Kennedy D, et al. The principal axes transformation—a method for image registration[J]. Journal of Nuclear Medicine: Official Publication, Society of Nuclear Medicine, 1990, 31(10): 1717-1722.

[19] Balslev I, Doring K, Eriksen R D. Weighted central moments in pattern recognition[J]. Pattern Recognition Letters, 2000,

21(5): 381-384.

[20] Gerlot-Chiron P, Bizais Y. Registration of multimodality medical images using a region overlap criterion[J]. CVGIP: Graphical Models and Image Processing, 1992, 54(5): 396-406.

[21] Reddy B S, Chatterji B N. An FFT-based technique for translation, rotation, and scale-invariant image registration[J]. IEEE Transactions on Image Processing, 1996, 5(8): 1266-1271.

[22] Maes F, Collignon A, Vandermeulen D, et al. Multimodality image registration by maximization of mutual information[J]. IEEE Transactions on Medical Imaging, 1997, 16(2): 187-198.

[23] Clark F O. Image registration by aligning entropies[J]. IEEE Computer Society Conference on Computer Visionand Pattern Recognition, 2005, 2: 8-14.

[24] 张明魁, 饶锡新, 钟春华. 逆向工程与曲面重构技术[J]. 现代制造工程, 2006, 36(4): 53-54, 59.

[25] Kruth J P, Kerstens A. Reverse engineering modelling of free-form surfaces from point clouds subject to boundary conditions[J]. Journal of Materials Processing Technology, 1998, 76(1-3): 120-127.

[26] 邢渊. 制造领域中反求设计方法及其应用研究[J]. 中国机械工程, 2001, 12(4): 416-419.

[27] Pribanic T, Cifrek M, Peharec S. Light plane position determination for the purpose of structured light scanning[C]. Proceedings of the IEEE International Symposium on Industrial Electronics, Dubrovnik, 2005: 1315-1319.

[28] Tuohy S T, Maekawa T, Shen G, et al. Approximation of measured data with interval B-splines[J]. Computer-Aided Design, 1997, 29(11): 791-799.

[29] Ferrari S, Frosio I, Piuri V, et al. Automatic multiscale meshing through HRBF networks[J]. IEEE Transactions on Instrumentation and Measurement, 2005, 54(4): 1463-1470.

[30] 俞波, 陈一民. 基于立体视觉的三维视频轨迹跟踪[J]. 计算机应用, 2003, 23(4): 72-74.

[31] Dolenc A, Mäkelä I. Slicing procedures for layered manufacturing techniques[J]. Computer-Aided Design, 1994, 26(2): 119-126.

[32] Wu Y F, Wong Y S, Loh H T, et al. Modelling cloud data using an adaptive slicing approach[J]. Computer-Aided Design, 2004, 36(3): 231-240.

[33] Liu G H, Wong Y S, Zhang Y F, et al. Error-based segmentation of cloud data for direct rapid prototyping[J]. Computer-Aided Design, 2003, 35(7): 633-645.

[34] 孙玉文, 贾振元, 王越超, 等. 基于自由曲面点云的快速原型制作技术研究[J]. 机械工程学报, 2003, 39(1): 56-59, 83.

[35] Sabourin E, Houser S A, Bohn J H. Accurate exterior, fast interior layered manufacturing[J]. Rapid Prototyping Journal, 1997, 3(2): 44-52.

[36] Cormier D, Unnanon K, Sanii E. Specifying non-uniform cusp heights as a potential aid for adaptive slicing[J]. Rapid Prototyping Journal, 2000, 6(3): 204-212.

[37] Hope R L, Jacobs P A, Roth R N. Rapid prototyping with sloping surfaces[J]. Rapid Prototyping Journal, 1997, 3(1): 12-19.

[38] Klosterman D A, Chartoff R P, Osborne N R, et al. Curved layer LOM of ceramics and composites[C]. Solid Freeform Fabrication Symposium Proceedings, Austin, 1998: 671-680.

[39] Merz R, Prinz F B, Ramaswami K. Shape deposition manufacturing[C]. Proceedings of Solid Freeform Fabrication Symposium, Austin, 1994: 8-10.

[40] Zhang Y, He X, Han J, et al. Al_2O_3 ceramics preparation by LOM(laminated object manufacturing)[J]. The International Journal of Advanced Manufacturing Technology, 2001, 17(7): 531-534.

[41] Fessler J, Merz R, Nickel A, et al. Laser deposition of metals for shape deposition manufacturing[C]. Solid Freeform

Fabrication Symposium, Austin, 1996: 117-124.

[42] Nickel A H, Barnett D M, Prinz F B. Thermal stresses and deposition patterns in layered manufacturing[J]. Materials Science and Engineering: A, 2001, 317(1-2): 59-64.

[43] Mughal M P, Mufti R A, Fawad H. The mechanical effects of deposition patterns in welding-based layered manufacturing[J]. Proceedings of the Institution of Mechanical Engineers, Part B: Journal of Engineering Manufacture, 2007, 221(B10): 1499-1509.

[44] Wurikaixi A, Zhao W H, Lu B H, et al. Investigation of the overlapping parameters of MPAW-based rapid prototyping[J]. Rapid Prototyping Journal, 2006, 12(3): 165-172.

[45] 朱胜. 柔性增材再制造技术[J]. 机械工程学报, 2013, 49(23): 1-5.

[46] 曹勇, 朱胜, 孟凡军, 等. 机器人GMAW&数控铣削复合快速制造系统[J]. 焊接, 2010, (2): 54-57, 72.

第2章 数据获取与处理

  针对修复基体不同失效形式、不同缺损程度进行检测,并确定出缺损部分的位置形貌,同时对零件进行定位,是进行再制造建模并生成加工程序的基础和前提。数据获取的实质就是零件表面数字化,是指采用某种测量方法和设备检测出零件各表面的若干组点的几何坐标,获得零件的几何信息。

  随着科学的进步和测量技术的发展,数据获取的方法也由最初的三坐标仪测量法发展到 CT 扫描、激光扫描测量等。本章以激光扫描测量方法为主介绍增材再制造过程中数据的获取与处理方法。

2.1 数 据 获 取

2.1.1 数据获取系统

  柔性再制造数据获取系统主要由六自由度机器人、二自由度变位机、线激光三维扫描仪、中心计算机、机器人控制器等组成,如图 2-1 所示。系统中各坐标系的定义如图 2-2 所示,其具体的描述和关联坐标系详见表 2-1。工作时通过机器人手臂的连续运动,带动

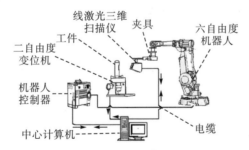

图 2-1 数据获取系统组成图

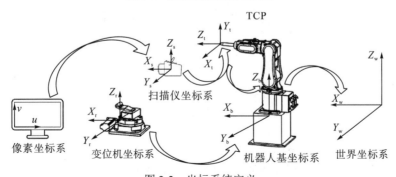

图 2-2 坐标系统定义

TCP: tool center point,工具中心点,又称工具坐标系

表 2-1　坐标系统定义及关联关系

坐标系统	表述	关联坐标系
像素坐标系 (pixel coordinates)	二维成像图左下角处，需要确定像素坐标系 与扫描仪坐标系的关系	扫描仪坐标系 (scanner TCP)
扫描仪坐标系 (scanner TCP)	扫描仪三维成像的某参考点处，需要确定该参考点 与机器人末端坐标系的关系	机器人末端坐标系 (tool$_0$ TCP)
机器人末端坐标系 (tool$_0$ TCP)	机器人第 6 轴的中心点处，可在机器人控制器中读取它 与机器人基坐标系的关系	机器人基坐标系 (base coordinates)
变位机坐标系 (rotate table coordinates)	变位机旋转中心轴上某一点处(即标定球球心处)， 需要确定中心轴与机器人基坐标系的关系	机器人基坐标系 (base coordinates)
机器人基坐标系 (base coordinates)	机器人底部中心点处，机器人基坐标系 与世界坐标系重合一致	世界坐标系 (world frame)
世界坐标系(world frame)	世界坐标系与机器人基坐标系重合一致	无

扫描仪扫描工件整个表面，即可获取整个工件的表面信息。空间一点的像素坐标 (u,v) 与世界坐标 (x,y,z) 之间的关系，是由系统测量模型决定的。为了确定二者之间的关系，需要进行扫描仪标定、手眼关系标定和变位机标定。

2.1.2　扫描仪的标定

线激光三维扫描仪的标定是实现从二维图像信息到三维形貌的首要环节。图像中每一点的像素坐标与扫描仪坐标系下的位置坐标有关，这种对应关系是由扫描仪测量模型决定的，而测量模型的参数求解过程就称为扫描仪的标定[1]。

在建立模型之前，需要定义一系列描述三维标记点位置和二维图像位置的坐标系。所有坐标系均为直角坐标系，且符合右手定则。各坐标系以及成像原理如图 2-3 所示。

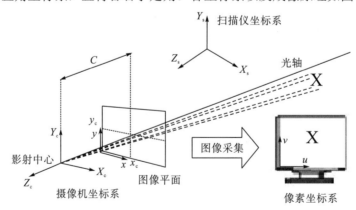

图 2-3　成像几何原理示意图
X 表示 3D 物体

图像坐标系中点的位置坐标被描述为 $X = (x,y)^{\mathrm{T}}$，它们的单位可以是像素(pixel)，即 (u,v)，也可以根据摄像机图像传感器的分辨率计算将其转换为微米。该坐标系的原点位于图像的左下角，x 轴水平向右，y 轴垂直向上。图像平面和透镜光轴的交点称为主点，在图像坐标系中被描述为 $(x_0, y_0)^{\mathrm{T}}$。

在摄像机坐标系中描述三维点的位置由 $X_{\mathrm{c}} = (x_{\mathrm{c}}, y_{\mathrm{c}}, z_{\mathrm{c}})^{\mathrm{T}}$ 表示，单位是像素或毫米。该坐标系原点固定设在影射中心，$X_{\mathrm{c}}Y_{\mathrm{c}}$ 平面与图像平面平行，Z_{c} 轴与光轴重合，但正方向与观察方向相反。影射中心和图像平面的距离是一个摄像机常数 C。

摄像机的透视成像，可以近似地看成针孔成像。据此，发射中心点将 X_{c} 投射在图像平面上，所对应的图像坐标可以表示为

$$\binom{x}{y} = \binom{x_0}{y_0} - C \begin{pmatrix} \lambda_x \dfrac{x_{\mathrm{c}}}{z_{\mathrm{c}}} \\ \lambda_y \dfrac{y_{\mathrm{c}}}{z_{\mathrm{c}}} \end{pmatrix} \tag{2-1}$$

式中，λ_x 和 λ_y 为图像在 x 轴方向和 y 轴方向上的缩放比例，由缩放比例参数和 CCD 摄像机像素的尺寸决定。

可进一步将 λ_x、λ_y、C 这三个变量转化为两个摄像机的尺寸常数 c_x、c_y，代入式 (2-1) 中得到：

$$\binom{x}{y} = \binom{x_0}{y_0} - \begin{pmatrix} c_x \dfrac{x_{\mathrm{c}}}{z_{\mathrm{c}}} \\ c_y \dfrac{y_{\mathrm{c}}}{z_{\mathrm{c}}} \end{pmatrix} \tag{2-2}$$

为了表征三维扫描仪的整体性，还引入了扫描仪坐标系。该坐标系定义了 $X_{\mathrm{s}}Z_{\mathrm{s}}$ 平面是水平的，Y_{s} 轴垂直向上，位置坐标以 $X_{\mathrm{s}} = (x_{\mathrm{s}}, y_{\mathrm{s}}, z_{\mathrm{s}})^{\mathrm{T}}$ 表示。在该坐标系中，摄像机的方位由旋转矩阵 M 和平移向量 T 确定。其中，旋转矩阵 M 为 3×3 矩阵，由于关联着 3 个独立的欧拉角（侧倾角 α、俯仰角 β 和旋转角 γ），又可表示为 $M \Leftrightarrow (\alpha, \beta, \gamma)$ 的横滚-俯仰-偏航（roll-pitch-yaw，RPY）形式；平移向量 $T = (t_{cx}, t_{cy}, t_{cz})^{\mathrm{T}}$。

扫描仪坐标系坐标 X_{s} 与摄像机坐标系坐标 X_{c} 之间的转换关系为

$$X_{\mathrm{c}} = M(X_{\mathrm{s}} - T) \tag{2-3}$$

综合式 (2-2) 和式 (2-3) 就可获得成像模型，即

$$\begin{cases} x = x_0 - c_x \dfrac{m_{11}(x_{\mathrm{s}} - t_{cx}) + m_{12}(y_{\mathrm{s}} - t_{cy}) + m_{13}(z_{\mathrm{s}} - t_{cz})}{m_{31}(x_{\mathrm{s}} - t_{cx}) + m_{32}(y_{\mathrm{s}} - t_{cy}) + m_{33}(z_{\mathrm{s}} - t_{cz})} \\ y = y_0 - c_y \dfrac{m_{21}(x_{\mathrm{s}} - t_{cx}) + m_{22}(y_{\mathrm{s}} - t_{cy}) + m_{23}(z_{\mathrm{s}} - t_{cz})}{m_{31}(x_{\mathrm{s}} - t_{cx}) + m_{32}(y_{\mathrm{s}} - t_{cy}) + m_{33}(z_{\mathrm{s}} - t_{cz})} \end{cases} \tag{2-4}$$

式中，m_{ij} 为矩阵 M 的第 $[i, j]$ 个元素。

可见，该模型包含了 4 个成像参数 (x_0, y_0, c_x, c_y) 和 6 个方位参数 $(\alpha, \beta, \gamma, t_{cx}, t_{cy}, t_{cz})$。

由于扫描仪需要的标定参数较多，对其直接求解很困难，本书中介绍直接线性变换（direct linear transformation，DLT）的求解方法，该方法是由 Abdel-Aziz 和 Karara[2] 最先提出的，由 Marzan 和 Karara[3] 进行进一步的研究。该方法的优点是可以将线性最小二乘法用于标定参数的求解以及三维坐标的估计。

尽管所有的透镜都会有不同程度的图形变形,但作为最初估计的线性模型可以忽略系统的非线性变形,否则成像模型将会受到多达 5 个参数的干扰叠加[1,4]。DLT 运用了 $L_i(i=1,2,\cdots,11)$ 共 11 个参数来描述成像过程的线性变化,即

$$\begin{cases} x = \dfrac{L_1 x_s + L_2 y_s + L_3 z_s + L_4}{L_9 x_s + L_{10} y_s + L_{11} z_s + 1} \\[3mm] y = \dfrac{L_5 x_s + L_6 y_s + L_7 z_s + L_8}{L_9 x_s + L_{10} y_s + L_{11} z_s + 1} \end{cases} \tag{2-5}$$

DLT 标定时需要一个标定块,要求其上有若干坐标精确已知的控制点,利用图像坐标系下已知 m 个控制点的位置坐标 $X_i = (x_i, y_i)(i=1,2,\cdots,m)$,重写式(2-5),则摄像机的 DLT 参数 L_i 可以用下列矩阵形式估计出:

$$\begin{pmatrix} x_{s1} & y_{s1} & z_{s1} & 1 & 0 & 0 & 0 & 0 & -x_1 x_{s1} & -x_1 y_{s1} & -x_1 z_{s1} \\ 0 & 0 & 0 & 0 & x_{s1} & y_{s1} & z_{s1} & 1 & -y_1 x_{s1} & -y_1 y_{s1} & -y_1 z_{s1} \\ \vdots & \vdots & \vdots & \vdots & \vdots & \vdots & \vdots & \vdots & \vdots & \vdots & \vdots \\ x_{sm} & x_{sm} & x_{sm} & 1 & 0 & 0 & 0 & 0 & -x_m x_{sm} & -x_m y_{sm} & -x_m z_{sm} \\ 0 & 0 & 0 & 0 & x_{sm} & x_{sm} & x_{sm} & 1 & -y_m x_{sm} & -y_m y_{sm} & -y_m z_{sm} \end{pmatrix} \begin{pmatrix} L_1 \\ L_2 \\ \vdots \\ L_{11} \end{pmatrix} = \begin{pmatrix} x_1 \\ y_1 \\ \vdots \\ x_m \\ y_m \end{pmatrix} \tag{2-6}$$

只要 $m \geqslant 6$ 就可以得到一个超额方程组,11 个 DLT 参数就可以计算得到。由于这是一个 $AL = b$ 形式的方程,L 可以得到一致的线性最小二乘解,即

$$L = (A^T A)^{-1} A^T b \tag{2-7}$$

求解出的参数 L_i 与需要标定的扫描仪参数之间存在着必然的联系,可由 DLT 方程 [式(2-5)] 与成像模型 [式(2-4)] 恒等变换得到,结果如下:

$$\begin{cases} L_1 = (x_0 m_{31} - c_x m_{11}) / L \\ L_2 = (x_0 m_{32} - c_x m_{12}) / L \\ L_3 = (x_0 m_{33} - c_x m_{13}) / L \\ L_4 = -L_1 t_{cx} - L_2 t_{cy} - L_3 t_{cz} \\ L_5 = (y_0 m_{31} - c_x m_{21}) / L \\ L_6 = (y_0 m_{32} - c_x m_{22}) / L \\ L_7 = (y_0 m_{33} - c_x m_{23}) / L \\ L_8 = -L_5 t_{cx} - L_6 t_{cy} - L_7 t_{cz} \\ L_9 = m_{31} / L \\ L_{10} = m_{32} / L \\ L_{11} = m_{33} / L \end{cases} \tag{2-8}$$

$$L = -(m_{31} t_{cx} + m_{32} t_{cy} + m_{33} t_{cz})$$

反之亦然,扫描仪的标定参数也可以由 DLT 参数来表述。

首先,定义向量:$b_1 = (L_1, L_2, L_3)^T$,$b_2 = (L_5, L_6, L_7)^T$,$b_3 = (L_9, L_{10}, L_{11})^T$,可以换算得出内部参数,即

$$(x_0, y_0) = \left(\frac{b_1^{\mathrm{T}} b_3}{b_3^{\mathrm{T}} b_3}, \frac{b_2^{\mathrm{T}} b_3}{b_3^{\mathrm{T}} b_3} \right)$$

$$(c_x, c_y) = \left(\sqrt{\frac{b_1^{\mathrm{T}} b_1}{b_3^{\mathrm{T}} b_3} - x_0^2}, \sqrt{\frac{b_2^{\mathrm{T}} b_2}{b_3^{\mathrm{T}} b_3} - y_0^2} \right) \tag{2-9}$$

然后，再假定两个辅助向量：$b_1' = (b_1 - x_0 b_3) / c_x$，$b_2' = (b_2 - y_0 b_3) / c_y$，则摄像机的旋转矩阵 M 表示为

$$M = \left(\frac{-b_1'}{\|b_1'\|}, \frac{-b_2'}{\|b_2'\|}, \frac{b_3}{\|b_3\|} \right)^{\mathrm{T}} \tag{2-10}$$

摄像机的平移向量 T 表示为

$$T = \begin{pmatrix} t_{cx} \\ t_{cy} \\ t_{cz} \end{pmatrix} = \begin{pmatrix} L_1 & L_2 & L_3 \\ L_5 & L_6 & L_7 \\ L_9 & L_{10} & L_{11} \end{pmatrix}^{-1} \begin{pmatrix} -L_4 \\ -L_8 \\ -1 \end{pmatrix} \tag{2-11}$$

下面通过实例说明扫描的标定过程。

扫描仪标定的试验平台如图 2-4 所示，所采用的标定板与其成像图如图 2-5 所示，标定板上相邻控制点的中心处的距离为 4mm，其被固定在带刻度的滑板上，可实现与扫描仪之间距离的精确调节。如果取标定板左下角控制点的中心处为扫描仪坐标系的原点，则所有控制点的坐标是已知的。在实际标定试验中，只取了标定板上 2×8 个控制点进行成像，标定过程获得的试验数据见表 2-2。

图 2-4　扫描仪标定的试验平台

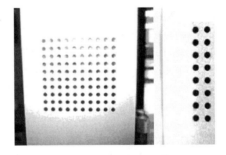

图 2-5　标定板与其成像图

表 2-2　扫描仪标定数据

组号	扫描仪坐标系坐标/mm			图像平面坐标系坐标/pixel	
	x_s	y_s	z_s	u	v
1	0	0	0	56.9581	34.0006
2	0	4	0	58.0779	96.3635
3	0	8	0	59.1933	158.4779
4	0	12	0	60.3043	220.3453
5	0	16	0	61.4108	281.9673
6	0	20	0	62.5130	343.3451
7	0	24	0	63.6108	404.4804

组号	扫描仪坐标系坐标/mm			图像平面坐标系坐标/pixel	
	x_s	y_s	z_s	u	v
8	0	28	0	64.7042	465.3746
9	4	0	0	125.5373	30.7589
10	4	4	0	126.5306	93.7824
11	4	8	0	127.5198	156.5521
12	4	12	0	128.5051	219.0697
13	4	16	0	129.4865	281.3366
14	4	20	0	130.4639	343.3543
15	4	24	0	131.4374	405.1244
16	4	28	0	132.4070	466.6483

经过计算得到的扫描仪 DLT 标定结果见表 2-3。

表 2-3　DLT 标定结果

L_1	L_2	L_3	L_4	L_5	L_6	L_7	L_8	L_9	L_{10}	L_{11}
16.8184	0.3090	-8.4423	56.9581	-0.8904	15.6389	-0.8638	34.0006	-0.0026	0.0005	-0.0078

进一步换算为扫描仪的标定参数，得

$$(x_0, y_0) = (328.3213, 248.6681)\text{pixel}$$

$$(c_x, c_y) = (2.2612 \times 10^3, 1.8883 \times 10^3)\text{pixel}$$

$$M = \begin{bmatrix} -0.9488 & -0.0078 & 0.3158 \\ 0.0157 & -0.9975 & -0.0692 \\ -0.3156 & 0.0607 & -0.9469 \end{bmatrix}$$

$$T = \begin{bmatrix} 52.3113 & 6.9470 & 111.2134 \end{bmatrix}^{\mathrm{T}} \text{mm}$$

取上述标定结果，恢复出控制点的三维坐标值 X_s'，并将其与控制点的实际坐标值 X_s 进行比较，令 $S = \sqrt{\left(x_s - x_s'\right)^2 + \left(y_s - y_s'\right)^2}$，结果见表 2-4。

表 2-4　扫描仪标定后的恢复精度　　　　　　　　（单位：mm）

组号	x_s'	y_s'	x_s	y_s	S
1	0.0492	3.8633	0	4	0.1453
2	-0.0217	12.1365	0	12	0.1382
3	3.9371	12.1193	4	12	0.1349
4	4.1001	16.1108	4	16	0.1493
5	4.1240	24.0756	4	24	0.1452

可见，扫描仪标定后的恢复精度约为 0.15mm，表明 DLT 标定方法可靠有效。

2.1.3 机器人手眼关系标定

扫描仪的位姿是被机器人的"手"操纵着而变化的,因此必须标定扫描仪与机器人手臂末端的相对关系,也称为手眼关系标定,主要包括旋转变换关系和平移变换关系。

1) 旋转变换关系标定

在本节中,手眼关系的旋转变换主要采用了 3×3 旋转矩阵的表述形式。

对于空间中的任意固定点,在机器人基坐标系下的坐标为 $X_w = (x_w, y_w, z_w)^T$,其与在扫描仪坐标系下的坐标值 $X_s = (x_s, y_s, z_s)^T$ 之间的关系为

$$\begin{pmatrix} X_w \\ 1 \end{pmatrix} = \begin{pmatrix} R_0 & T_0 \\ 0 & 1 \end{pmatrix} \begin{pmatrix} R_t & T_t \\ 0 & 1 \end{pmatrix} \begin{pmatrix} X_s \\ 1 \end{pmatrix} \tag{2-12}$$

式中,R_0 和 T_0 分别为机器人末端坐标系到机器人基坐标系的旋转矩阵与平移向量,可从机器人控制器中实时读取;R_t 和 T_t 分别为所要求解的扫描仪坐标系到机器人末端坐标系的旋转矩阵与平移向量。

将式(2-12)展开,得

$$X_w = R_0 R_t X_s + R_0 T_t + T_0 \tag{2-13}$$

使扫描仪两次恢复空间点,可得

$$X_{w1} = R_{01} R_t X_{s1} + R_{01} T_t + T_{01} \tag{2-14}$$

$$X_{w2} = R_{02} R_t X_{s2} + R_{02} T_t + T_{02} \tag{2-15}$$

如果两次扫描恢复的是同一个固定点,而且该过程中控制机器人做姿态不变的平动(即 $R_{01} = R_{02}$),由式(2-15)减去式(2-14),得

$$R_0 R_t (X_{s1} - X_{s2}) = T_{02} - T_{01} \tag{2-16}$$

采集多组试验数据,通过非线性最小二乘法解式(2-16),可得 R_t。

需要说明的是,通过线激光三维扫描仪来获得单个空间固定点的坐标是很困难的事情,可通过采用在机器人基坐标系下固定一个半径已知的标定球,恢复球心来解决该问题。如图 2-6 所示,在扫描标定球时,依据扫描线数据可以首先拟合出一个空间圆,并进而通过几何关系计算得出球心。不过此时将会有两个球心,可通过人为参与来去除伪球心。做法是,首先由扫描线在球体中的位置判断球心方向,再以约定次序选定扫描线中的上、中、下部三点,根据这三点得到两个向量,以两个向量的向量积方向判断球心的真伪。

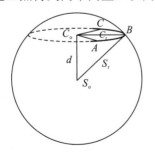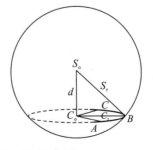

图 2-6 恢复标定球球心示意图

2) 平移变换关系标定

不同位置的空间点 X_{w1} 与 X_{w2} 之间的相对位置，可由式 (2-15) 减去式 (2-14)，得

$$X_{w2} - X_{w1} = R_{02}R_t X_{s2} + R_{02}T_t + T_{02} - (R_{01}R_t X_{s1} + R_{01}T_t + T_{01}) \qquad (2\text{-}17)$$

当控制机器人只进行平移 (即 $R_{01} = R_{02}$) 时，式 (2-17) 可简化为

$$X_{w2} - X_{w1} = R_0 R_t (X_{s2} - X_{s1}) + T_{02} - T_{01} \qquad (2\text{-}18)$$

式 (2-18) 说明，恢复结果的相对位置关系 (即物体形状) 与平移向量 T_t 无关。因此，当机器人平动 (姿态不变) 扫描球面时，无论 T_t 为何值，恢复结果都是一个形状大小相同的球面。

根据式 (2-13)，可改写为

$$X_w = (R_0 R_t X_s + T_0) + R_0 T_t \qquad (2\text{-}19)$$

取 $T_t = 0$，将其扫描恢复结果 (即 X_w) 进行球形拟合，得到的球心位置 X_B 与球心真实位置 X_b 间的关系为

$$X_b = X_B + R_0 T_t \qquad (2\text{-}20)$$

在多种机器人位姿下扫描球面，可得到多组 X_B 和 R_0，代入式 (2-20) 可求解出 T_t。

3) 标定算法求解

实际中的标定求解过程主要由数据采集和方程求解两部分完成。数据采集指首先调控机器人以特定的位置和姿态完成标定数据的获取；而后对式 (2-16) 和式 (2-20) 的求解[5, 6]，可通过编制相关的 MATLAB 程序[7, 8] 来实现。

(1) 旋转关系求解。式 (2-16) 为非线性方程，它的求解属于无约束非线性最优求解问题。通过数据采集将得到多组的 $\Delta T_0 = T_{02} - T_{01}$、$\Delta X_s = X_{s2} - X_{s1}$ 和相应的 R_0，给定默认初始值 $(0,0,0)$，利用函数 fminsearch 来求得与初始点相接近的最小二乘解，即转化为求式 (2-21) 中 valE 最小时的 R_t。

$$\text{valE} = R_0 R_t \begin{pmatrix} X_{s2} - X_{s1} \\ \vdots \\ X_{si} - X_{sj} \end{pmatrix} + \begin{pmatrix} T_{02} - T_{01} \\ \vdots \\ T_{0i} - T_{0j} \end{pmatrix} \qquad (2\text{-}21)$$

式中，i、j 分别为试验数据中的两组数据编号，且 $i \neq j$。

图 2-7 为扫描仪坐标系相对于机器人末端坐标系的旋转关系标定流程图。

数据采集和参数求解的步骤描述如下：

① 机器人抓取扫描仪，并设置好标定球 (旋转标定采用 $R=15\text{mm}$ 的标定球)。

② 如果扫描仪的内参数没有加载，先加载扫描仪内参数。

③ 移动机器人到成像范围内，使得打在参考球面上的激光线成像清晰，可以通过调节激光线的强弱和图像的增益与曝光度来实现。

④ 控制机器人沿机器人基坐标系的 X 方向 (另外两组分别为沿机器人基坐标系的 Y 方向和机器人基坐标系的 Z 方向) 做平移运动，每隔一小段距离采集一幅激光线图像 (保证成像清晰)，并记录下采集图像时的 R_0 和 T_0 数据。利用激光线上的空间点坐标 (扫描仪坐标系下)，结合人工判断球心位于激光线 (成圆弧形) 的左侧或右侧，计算激光线所在的参考球球心坐标 X_{Ci}。

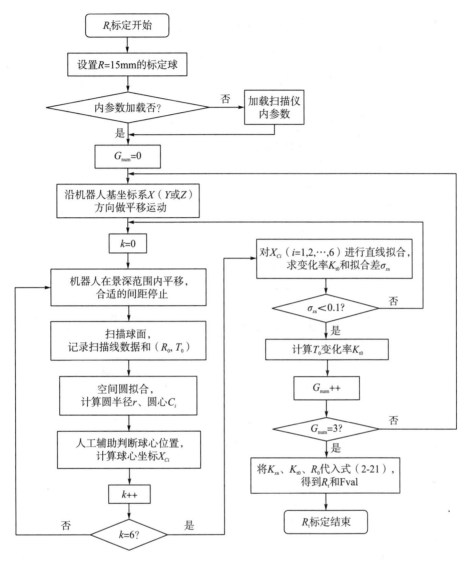

图 2-7　手眼关系旋转标定流程图

⑤重复执行步骤④，直到采集到的球心点 X_{Ci} 足够多为止（如 $i=6$）。

⑥对采集得到的 X_{Ci} 序列和 T_0 序列进行直线拟合，求解单位距离上球心坐标的变化量 K_{xs} 和机器人末端坐标系平移分量的变化率 K_{t0}。如果拟合误差 $\sigma_{xs}<0.1$，则记录一组数据 (R_0, K_{xs}, K_{t0})，否则重新执行步骤④～⑥。

⑦同样的方法，更换另一组方向，重复执行步骤⑤～⑥，以获取新一组数据。式(2-21)中需要求解的 R_t 关联了 3 个角度变量，因此至少需要构造 3 个方程，采集数据时的方向要尽可能正交，可从机器人基坐标系 X、Y 和 Z 方向上各采集一组数据。

⑧将采集到的多组数据 (R_0, K_{xs}, K_{t0}) 代入式(2-21)（传递给 MATLAB 程序求解），可得到当函数 valE 达到最小值时的方程的解，并给出此时的函数值 Fval。如果 Fval 在 10^{-4} 级别，则记录方程的解作为标定结果，否则重新标定。

(2) 平移关系求解。式(2-20)为线性方程，可直接求解。实际上它可以变换为

$$-\left(X_{B2}-X_{B1}\right)=\left(R_{02}-R_{01}\right)\cdot T_{\mathrm{t}} \tag{2-22}$$

式 (2-22) 是 $AL=b$ 形式的方程, 根据式 (2-7) 可得

$$T_{\mathrm{t}}=\left(\begin{pmatrix} R_{02}-R_{01} \\ \vdots \\ R_{0i}-R_{0j} \end{pmatrix}^{\mathrm{T}}\begin{pmatrix} R_{02}-R_{01} \\ \vdots \\ R_{0i}-R_{0j} \end{pmatrix}\right)^{-1}\begin{pmatrix} R_{02}-R_{01} \\ \vdots \\ R_{0i}-R_{0j} \end{pmatrix}^{\mathrm{T}}\begin{pmatrix} -\left(X_{B2}-X_{B1}\right) \\ \vdots \\ -\left(X_{Bi}-X_{Bj}\right) \end{pmatrix} \tag{2-23}$$

式中, i、 j 分别为试验数据中的两组数据编号, 且 $i\ne j$。

图 2-8 为扫描仪坐标系相对于机器人末端坐标系的平移关系标定流程图。

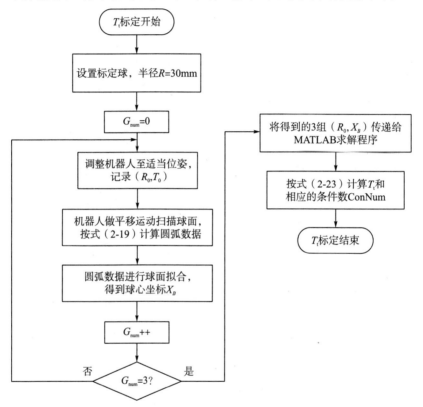

图 2-8 手眼关系平移标定流程图

数据采集和参数求解的步骤描述如下:

①机器人抓取扫描仪, 设置好半径 $R=30\mathrm{mm}$ 的标定球。

②控制机器人沿某一个方向做平移运动扫描球面, 每隔一段时间采集一幅激光线图像 (保证成像清晰), 并记录下采集时的 R_0 和 T_0 数据。根据式 (2-19) 计算得到激光线对应的圆弧数据 (此时 R_{t} 取前面旋转关系的标定结果)。

③根据所获得的一系列球面上的圆弧数据, 进行球面拟合得到其球心坐标 X_B。

④重复步骤②和步骤③另选两个方向 (要求三个方向之间机器人有较大姿态的变化) 扫描球面, 同样得到相应的球心坐标。

⑤将得到的多组数据 (R_0, X_B) 代入式 (2-23) (参数传递给 MATLAB 程序求解), 可得平移分量 T_{t} 和相应的条件数 ConNum (用来衡量方程求解的病态情况, 一般接近 1 为好),

如果 ConNum>10，则说明病态较严重，需要重新标定。

4) 机器人手眼关系标定实例

为了验证所提方法的正确性和稳定性，进行了手眼标定的试验，以下是试验得到的部分数据与数据处理结果。

(1) 旋转标定试验。旋转标定试验进行过程中必须保证机器人的姿态不发生变化。选取 3 种不同的机器人旋转姿态情况进行试验，每一种姿态重复执行 5 次完整的标定操作。标定结果采用 RPY 形式输出，数据记录如表 2-5 所示。

表 2-5　手眼关系旋转变换标定数据

组	次	R_x/rad	R_y/rad	R_z/rad	Fval/10^{-4}
1	1	−1.47	1.55	−1.45	2.06
	2	−1.58	1.55	−1.56	1.52
	3	−1.47	1.55	−1.45	2.06
	4	−1.20	1.55	−1.12	3.60
	5	−1.30	1.55	−1.28	3.14
2	1	0.05	1.54	0.06	2.68
	2	0.22	1.55	0.23	2.69
	3	0.025	1.55	0.04	1.98
	4	0.43	1.55	0.44	2.70
	5	0.53	1.55	0.54	1.91
3	1	−1.22	1.53	−1.22	0.99
	2	−1.54	1.54	−1.55	4.91
	3	−1.41	1.53	−1.41	2.23
	4	−1.55	1.53	−1.55	2.76
	5	−1.46	1.53	−1.47	3.08

显然，Fval 值被限定在 10^{-4} 级别，满足要求。在 RPY 的输出结果中，(R_x, R_y, R_z) 是以角度表示旋转关系的，由于奇异性的存在，对其直接进行比较并不可取，应将它们转化为唯一的旋转矩阵。例如，表 2-5 中第 1 种姿态第 1 次标定的结果为 $(-1.47, 1.55, -1.45)$，转换成旋转矩阵为

$$R_t = \begin{bmatrix} 0.0024 & -0.0164 & 0.9999 \\ -0.204 & 0.9997 & 0.0164 \\ -0.9998 & -0.0204 & 0.0021 \end{bmatrix}$$

将所有的标定结果 RPY 形式转换成矩阵形式，计算平均值矩阵和标准差如下：

$$\text{mean}(R_t) = \begin{bmatrix} 0.0094 & -0.0086 & 0.9999 \\ -0.0186 & 0.9996 & 0.0086 \\ -0.9996 & -0.0187 & 0.0093 \end{bmatrix}$$

$$\mathrm{std}(R_\mathrm{t}) = \begin{bmatrix} 0.0080 & 0.0088 & 0.0001 \\ 0.0188 & 0.0003 & 0.0087 \\ 0.0003 & 0.0187 & 0.0080 \end{bmatrix}$$

可见，$\mathrm{std}(R_\mathrm{t})$ 中的元素项均小于 0.02。为了更直观地评价结果，进一步计算各旋转矩阵对应的方向向量间夹角(用向量间夹角计算公式计算)的平均值和标准差，即

$$(\overline{\angle X}, \overline{\angle Y}, \overline{\angle Z}) = (-1.32°, 1.54°, -1.29°)$$

$$(\sigma_{\angle X}, \sigma_{\angle Y}, \sigma_{\angle Z}) = (0.88°, 0.87°, 0.42°)$$

可以看出，不同程序求解出的标定矩阵的方向向量间夹角平均值小于 1.5°，夹角标准偏差小于 1.0°。

最终的标定结果可以取 $\mathrm{mean}(R_\mathrm{t})$，将其转换成 RPY 形式，即

$$(R_x, R_y, R_z) = (-1.11, 1.55, -1.10)\,\mathrm{rad}$$

(2) 平移关系试验。选择按照如图 2-9 所示，变换机器人的位置和姿态进行平移关系标定试验。图中直线段表示激光线的方向，射线表示机器人的运行方向，编制 6 组标定程序，每组变换 3 种不同姿态扫描球面，反复执行 5 次。

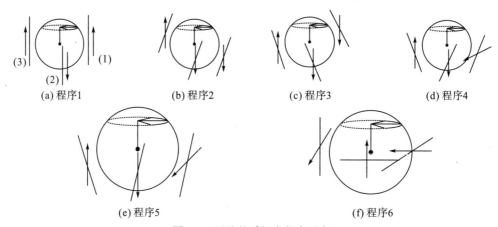

(a) 程序1　　　　(b) 程序2　　　　(c) 程序3　　　　(d) 程序4

(e) 程序5　　　　　　　　　(f) 程序6

图 2-9　平移关系标定程序示意

程序 1～4 中用到半径为 15mm 的标定球，程序 5 和程序 6 则使用了半径为 30mm 的标定球。在实际标定过程中，先沿哪个方向扫描都不会影响试验结果。

表 2-6 记录了程序执行的试验结果。从表中数据可以看出，由于程序 1 和程序 3 中机器人的姿态变化不大，标定结果中条件数 ConNum 均大于 10，为特别严重的病态问题，虽然程序 2 的结果条件数 ConNum 小于 10 且大于 7，但和姿态变化比较大的程序 4、程序 5、程序 6 相比，标定结果仍不可取。程序 4、程序 5、程序 6 的条件数 ConNum 都在 1 附近，可以判断由其参数构建的方程是收敛稳定的，需要进一步评价其误差情况。

程序 4 拟合球心平均偏差为

$$\overline{\sigma}_{XB4} = 0.07\mathrm{mm}$$

程序 6 拟合球心平均偏差为

$$\overline{\sigma}_{XB6} = 0.13\mathrm{mm}$$

可以看出，在平移关系的标定过程中，机器人的姿态变化应尽可能大，否则构造的标

定方程就会发散；但机器人的姿态变化越大，必然会引入机器人本身的更大误差。例如，程序 6 的姿态变化比程序 4 中的姿态变化大，二者的条件数相近，但标定过程中拟合球心的平均偏差程序 6 约是程序 4 的 2 倍。

为了使机器人姿态能够有较大的变化空间，选择半径为 30mm 的标定球会更有利。最后的标定结果可以取程序 5 和程序 6 的平均值，即

$$(T_x, T_y, T_z) = (-402.40, -33.19, 256.07)\text{mm}$$

表 2-6　手眼关系平移变换标定数据

程序号	次	R/mm	T_x/mm	T_y/mm	T_z/mm	ConNum
1	1		−403.00	−25.07	-2.50×10^3	1.57×10^4
	2		−402.90	−25.20	-2.39×10^3	9.94×10^3
	3		−402.88	−25.14	-2.24×10^3	1.14×10^4
	4		−402.80	−25.07	-1.72×10^3	8.04×10^3
	5		−402.83	−25.10	-1.72×10^3	7.76×10^3
2	1		−403.14	−23.86	255.76	7.66
	2		−403.17	−23.83	255.77	7.66
	3		−403.16	−23.83	255.81	7.66
	4		−403.18	−23.84	255.77	7.66
	5	15	−403.18	−23.78	255.90	7.66
3	1		−402.77	−26.13	258.10	24.33
	2		−402.72	−26.26	258.40	24.29
	3		−402.71	−26.17	258.14	24.31
	4		−402.69	−26.10	257.90	24.32
	5		−402.69	−26.04	257.69	24.30
4	1		−402.68	−26.50	255.43	1.70
	2		−402.79	−26.57	255.36	1.70
	3		−402.76	−26.58	255.38	1.70
	4		−402.80	−26.57	255.354	1.70
	5		−402.80	−26.59	255.35	1.70
5	1		−403.39	−32.33	256.04	1.72
	2		−403.35	−32.22	255.99	1.73
	3		−403.34	−32.23	255.10	1.73
	4		−403.35	−32.26	256.01	1.73
	5	30	−403.35	−32.26	256.01	1.73
6	1		−400.74	−33.84	256.07	1.82
	2		−401.63	−33.94	256.27	1.82
	3		−401.70	−34.14	256.38	1.82
	4		−401.62	−34.25	256.29	1.82
	5		−401.56	−34.47	256.54	1.82

2.1.4 变位机的标定

在扫描过程中，变位机绕着卡盘的旋转轴心旋转，发生姿态变化，而位置不变。变位机的标定就是确定旋转轴心在机器人基坐标系下的位置和方向。

1) 标定原理

设轴心向上的方向为 Z 坐标轴正方向，另外的 X 轴和 Y 轴的方向在满足右手定律的条件下任意设定，中心点的选取为轴上的任意点，就确定出了变位机坐标系。

变位机坐标系可采用如下的表示形式：

$$\begin{cases} O_r = (X_{or}, Y_{or}, Z_{or}) \\ \vec{X} = (X_x, X_y, X_z) \\ \vec{Y} = (Y_x, Y_y, Y_z) \\ \vec{Z} = (Z_x, Z_y, Z_z) \end{cases} \quad (2\text{-}24)$$

式中，O_r 为坐标原点的基坐标值；$\vec{X}$、$\vec{Y}$、$\vec{Z}$ 分别表示变位机坐标系的 X、Y、Z 坐标轴在机器人基坐标系下的方向数。

变位机坐标系下坐标值 X_r 向机器人基坐标系下坐标值 X_w 的转换可表示为

$$X_w = M_{rw} X_r = \begin{pmatrix} \vec{X} & 0 \\ \vec{Y} & 0 \\ \vec{Z} & 0 \\ O_r & 1 \end{pmatrix}^{\mathrm{T}} X_r \quad (2\text{-}25)$$

此外，卡盘的旋转采用伺服电机驱动，其某一时刻的旋转角度是已知的，则变位机坐标系绕 Z 轴旋转已知角度 γ 的变换矩阵为

$$M_{r0 \to r} = \begin{bmatrix} R_Z(\gamma) & 0 \\ 0 & 1 \end{bmatrix} = \begin{pmatrix} \cos\gamma & \sin\gamma & 0 & 0 \\ -\sin\gamma & \cos\gamma & 0 & 0 \\ 0 & 0 & 1 & 0 \\ 0 & 0 & 0 & 1 \end{pmatrix} \quad (2\text{-}26)$$

由于 X 轴和 Y 轴的方向是任意设定的，变位机的标定实际就是确定 Z 轴的位置 O_r 和方向数 $\vec{Z}$。结合系统特点，研究开发了高低球标定法，其原理如图 2-10 所示。

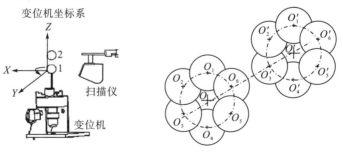

(a) 变位机标定示意图   (b) 变位机旋转轴心求解原理

图 2-10 变位机旋转轴心求解原理图

假设卡盘旋转轴心为 OO' 方向,首先将球偏转固定在卡盘上,利用扫描仪扫描该球并拟合得到此时的球心位置 O_1;然后旋转卡盘,再次扫描该球,又能得到球心的位置 O_2;多次执行此操作,可以得到多个球心的位置 $(O_3、O_4、\cdots)$;然后利用这些球心的位置,可以拟合得到一个圆心位置 O。同理,将球的位置升高,再次执行上述操作,就又得到一个圆心位置 O'。利用这两个圆心,就能确定出卡盘的旋转轴心 OO',即 Z 轴。

2) 标定过程

实际过程中,确定旋转轴心的操作流程如图 2-11 所示,简述如下:

(1) 首先将一个低球偏转固定在卡盘上,扫描球,可得到该球的球心位置。

(2) 转动卡盘,设转动的次数为 n,则可得到 n 个球心的位置。

(3) 利用这些球心的位置,拟合圆,即可得到低球圆心的位置 $O=(X_o,Y_o,Z_o)$。

(4) 将低球拿下换成高球,偏转固定在卡盘上。

(5) 利用相同的方法,拟合出高球圆心的位置 $O'=(X_{o'},Y_{o'},Z_{o'})$。

(6) 利用 O 和 O' 这两点,计算出目标参数 O_r 和 $\vec{Z}$。

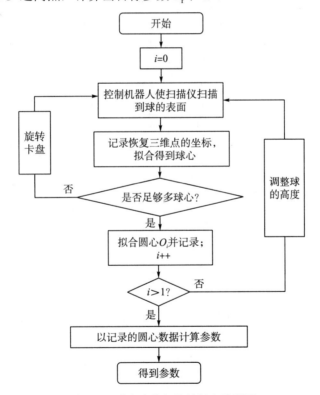

图 2-11 确定变位机旋转轴心流程图

变位机的标定过程主要是求解目标参数 $O_r=(X_{or},Y_{or},Z_{or})$ 和 $Z=(Z_x,Z_y,Z_z)$ 的过程。O_r 可以取为低球圆心的坐标值 (X_o,Y_o,Z_o),它代表了卡盘旋转轴心上的某一位置,同时也是变位机坐标系的原点;$\vec{Z}$ 依据式 (2-27) 求解,它表示了卡盘旋转轴心的方向,同时也作为变位机坐标系的 Z 轴方向。

$$\vec{Z}^{\mathrm{T}} = \begin{pmatrix} Z_x \\ Z_y \\ Z_z \end{pmatrix} = \frac{1}{\sqrt{(X_o - X_{o'})^2 + (Y_o - Y_{o'})^2 + (Z_o - Z_{o'})^2}} \begin{pmatrix} X_o - X_{o'} \\ Y_o - Y_{o'} \\ Z_o - Z_{o'} \end{pmatrix} \qquad (2\text{-}27)$$

3）试验与结果

调整变位机的旋转轴心大致呈水平方向，进行了变位机标定试验。执行 5 次完整的标定过程，记录数据结果如表 2-7 所示。图 2-12 绘制出了多次试验中收集到的所有球心数据以及拟合圆心数据，它形象地表明了标定过程与标定原理的一致性。

表 2-7　变位机标定试验数据

组号	球号	拟合圆心坐标			拟合圆半径	轴心方向			stdD/	maxD/
		X_o/mm	Y_o/mm	Z_o/mm	R/mm	Z_x	Z_y	Z_z	mm	mm
1	1	1192.10	31.84	361.91	4.40	0.01	1.00	0.00	0.01	0.01
	2	1191.56	90.27	361.75	4.41	0.02	1.00	0.00	0.01	0.01
2	1	1192.19	30.61	361.92	4.39	0.01	1.00	0.00	0.01	0.01
	2	1191.54	90.46	361.74	4.40	0.01	1.00	0.00	0.01	0.01
3	1	1192.11	31.86	361.93	4.39	0.01	1.00	0.00	0.01	0.02
	2	1191.47	91.87	361.76	4.42	0.01	1.00	0.00	0.00	0.01
4	1	1192.15	32.07	361.92	4.44	0.01	1.00	0.00	0.01	0.01
	2	1191.55	89.86	361.75	4.45	0.02	1.00	0.00	0.01	0.01
5	1	1192.14	31.86	361.94	4.39	0.01	1.00	0.00	0.00	0.00
	2	1191.53	90.62	361.76	4.39	0.02	1.00	0.00	0.01	0.02

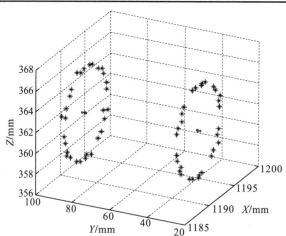

图 2-12　变位机标定数据可视化图

选取所有圆心数据 (X_o, Y_o, Z_o) 和 $(X_{o'}, Y_{o'}, Z_{o'})$，进行均值处理并计算标准差，得

$$(X_o, Y_o, Z_o) = (1192.14, 31.65, 361.92)\text{mm}$$

$$(X_{o'}, Y_{o'}, Z_{o'}) = (1191.53, 90.62, 361.75)\text{mm}$$

$$(\sigma_{X_o}, \sigma_{Y_o}, \sigma_{Z_o}) = (0.04, 0.59, 0.01)\text{mm}$$

$$(\sigma_{X_{o'}},\sigma_{Y_{o'}},\sigma_{Z_{o'}}) = (0.04,0.76,0.01)\text{mm}$$

再根据式(2-27)可计算出 $\vec{Z}$。最终的标定结果为

$$O_{\text{r}} = (X_{or},Y_{or},Z_{or}) = (1192.14,31.65,361.92)\text{mm}$$

$$\vec{Z} = (Z_x,Z_y,Z_z) = (0.00,1.00,0.00)$$

　　根据标定结果数据，变位机的轴心方向和机器人基坐标系的 Y 方向基本一致，而 X 方向和 Z 方向为任意符合直角坐标系的参考方向。扫描所得球心坐标在 X 方向和 Z 方向上误差较小，造成在 Y 方向上的误差主要由于反复拆卸、安装时造成标定球的位置偏移。这只影响到变位机坐标原点的位置，对轴心方向的影响不大。

2.1.5　点云数据获取

　　各坐标系之间的关系一旦确定，就可以以扫描仪采集到的二维图像为信息源，经过变换获得机器人基坐标系下工件表面的点云数据。数据获取就是计算由二维图像信息得到三维点云坐标点的过程[1]。

　　1)光条中心线提取算法

　　首先扫描仪采集到的是带有光条的二维图像，对光条图像的处理是数据获取的关键环节之一。光条是指激光光平面与物体表面相交形成的具有一定宽度的光亮线条。图 2-13(a)是线激光打在球体表面所形成的光条图像，图像像素为 640pixel×480pixel，灰度级别为 1~255。在图像平面上定义像素坐标系，坐标原点位于图像左下角，每一个像素的坐标 (u,v) 分别是像素的列数与行数。

(a) 激光光条原始图像　　(b) 提取的中心线图像

图 2-13　光条图像中心线提取示意图

　　图 2-14 为光条图像中某行的灰度分布图，可见由于光条亮度明显很高，其边缘梯度变化很大。因此，数据提取的思路是检测光条图像的最高亮度点集或光条区域中心线，来表征光束内最亮的光平面与物体表面的交线，并以此数据恢复物体的表面轮廓。这主要是利用光束光强最亮区域的共面性，即以最强光平面作为理想光刀对物体进行切割求取特征轮廓线。如图 2-13(b)中，红色线条即是提取出的光条中心线。

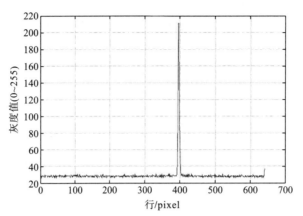

图 2-14　光条图像某行灰度分布图

为了获得较高精度的中心线检测效果，系统综合现有亚像素边缘检测方法，并改进重心法提取光条图像的中心线算法[9-12]。算法的具体实现方法如下：

(1)由下向上读取激光光条原始位图(bitmap，BMP)图像的灰度值矩阵。

(2)因为系统采集的激光光条基本处于竖直样式，所以图像采用行扫描检测方式。

(3)利用光条边缘梯度变化较大的特性，对每行像素进行亚像素边缘计算。

(4)根据检测出的边缘点集，计算区域范围内的灰度重心点，即为每行像素的中心。

在算法的步骤(3)中，计算某一像素所对应的亚像素灰度值，可应用下式：

$$g_{\text{sub1}}(i,j) = \sum_{k=i-1}^{i+2} \left[g(k,j+1) - g(k,j) \right] \tag{2-28}$$

或

$$g_{\text{sub2}}(i,j) = \sum_{k=i}^{i+1} \left[g(k,j+1) - g(k,j) \right] \tag{2-29}$$

式中，i 和 j 分别为像素的行和列，且满足 $2 \leq i \leq 480-2$、$1 \leq j \leq 640-1$。

图 2-15 是针对光条图像进行边缘点检测的示意图。如果检测到当前像素的灰度值函数 $g_{\text{sub1}} > 120$ 或 $g_{\text{sub2}} > 80$，计算为起始点 start$P$；如果 $g_{\text{sub1}} < -120$ 或 $g_{\text{sub2}} < -80$，计算为终止点 end$P$；否则，start$P$=0、end$P$=0。

检测出每行的边缘点像素后，需要计算每行的灰度重心，示意图如图 2-16 所示。计算第 i 行的灰度重心时，选取第 i 行像素的上、下行像素及边缘起止点向外扩展两列所围成的邻域内(图 2-16 斜线区域)，用式(2-30)求解第 i 行的灰度中心位置 i_{center}。

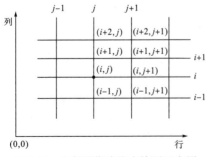

图 2-15　光条图像边缘点检测示意图

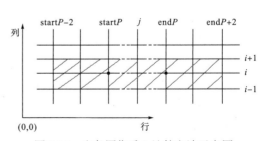

图 2-16　光条图像重心计算方法示意图

$$i_{\text{center}} = \frac{\displaystyle\sum_{j=\text{start}P-2}^{\text{end}P+2} \sum_{i=i-1}^{i+1} g(i,j) \times j}{\displaystyle\sum_{j=\text{start}P-2}^{\text{end}P+2} \sum_{i=i-1}^{i+1} g(i,j)} \tag{2-30}$$

表 2-8 中的数据是从图 2-13 激光光条原始图像中截取的部分图像的灰度分布数据，截取图中的位置为：行（311～325）和列（395～412），大小为 14×17。灰色区域边界和灰白色加粗数据标记分别是利用亚像素法检测出的激光光条的边缘和光条中心位置。

表 2-8　光条图像中心线提取样例

27	29	30	29	28	35	60	80	201	214	147	100	68	54	41	32	27
27	30	29	30	30	41	61	82	208	208	126	69	56	43	34	30	27
28	31	26	30	30	42	65	106	199	212	112	73	51	38	32	30	28
29	29	29	29	31	45	69	152	206	199	90	75	54	47	33	31	29
29	29	27	30	34	48	77	195	211	197	101	66	51	38	33	30	29
29	30	30	29	37	45	80	195	207	158	128	68	44	36	29	30	29
29	31	27	32	37	67	117	203	216	137	83	57	48	36	29	29	29
29	31	29	31	42	64	126	209	211	132	71	57	52	38	30	29	29
28	29	30	33	56	88	159	207	216	133	68	62	43	33	28	30	29
29	31	29	34	52	102	187	213	217	110	72	58	45	34	29	30	29
28	31	29	39	67	94	195	209	201	106	74	55	42	31	29	31	28
29	30	29	35	57	90	187	207	154	83	61	53	34	32	28	30	29
29	29	31	42	64	107	201	209	131	77	56	48	31	31	29	31	29
29	30	32	48	69	114	205	213	120	76	65	46	32	31	29	29	29

亚像素-重心法提取中心线的关键是像素梯度阈值的选择，其直接影响到检测精度。该方法和传统的图像边缘检测方法相比，可靠性高、简单且受噪声的影响较小。提取出来的图像点 (i_{center}, i) 直接参与后续的坐标变换，就能得出在基坐标系下的三维坐标。

2) 三维恢复方法

三维恢复方法就是利用包括扫描仪 DLT 模型标定、手眼关系和变位机标定的结果，计算得到三维坐标的方法。

首先，将 2.1.2 节中的 DLT 模型式 (2-5) 化为线性矩阵的形式，即

$$\begin{pmatrix} L_1 - xL_9 & L_2 - xL_{10} & L_3 - xL_{11} \\ L_5 - yL_9 & L_6 - yL_{10} & L_7 - yL_{11} \end{pmatrix} \begin{pmatrix} x_s \\ y_s \\ z_s \end{pmatrix} = \begin{pmatrix} x - L_4 \\ y - L_8 \end{pmatrix} \tag{2-31}$$

式中，$(x, y) = (i_{\text{center}}, i)$ 为激光线上扫描点在光条图像中的位置；(x_s, y_s, z_s) 为激光线上扫描点在扫描仪坐标系下的坐标，是待恢复的中间结果。

对于线激光三维扫描仪，激光线的平面方程参数 (A, B, C, D) 需要事先确定（和扫描仪

内参数一起由开发商提供），这里把 11 个 DLT 参数和 4 个激光平面参数称为扫描仪内参数。由于 (x_s, y_s, z_s) 点也在激光线上，则满足激光平面在扫描仪坐标系下的方程：

$$Ax_s + By_s + Cz_s + D = 0 \tag{2-32}$$

将式(2-31)与式(2-32)联立，即求解得到激光线上扫描点在扫描仪坐标系下的坐标 $X_s = (x_s, y_s, z_s)^T$：

$$\begin{pmatrix} x_s \\ y_s \\ z_s \end{pmatrix} = \begin{pmatrix} L_1 - xL_9 & L_2 - xL_{10} & L_3 - xL_{11} \\ L_5 - yL_9 & L_6 - yL_{10} & L_7 - yL_{11} \\ A & B & C \end{pmatrix} \begin{pmatrix} x - L_4 \\ y - L_8 \\ -D \end{pmatrix} \tag{2-33}$$

进一步综合测量过程的运动学关系，整合式(2-12)、式(2-25)和式(2-26)，可变换出扫描仪坐标系下的坐标 $X_s = (x_s, y_s, z_s)^T$ 到机器人基坐标系下的坐标 $X_w = (x_w, y_w, z_w)^T$ 的最终关系式，即

$$\begin{pmatrix} X_w \\ 1 \end{pmatrix} = \begin{pmatrix} X & Y & Z & O_r \\ 0 & 0 & 0 & 1 \end{pmatrix} \begin{pmatrix} R_Z(\gamma) & 0 \\ 0 & 1 \end{pmatrix} \begin{pmatrix} X & Y & Z & O_r \\ 0 & 0 & 0 & 1 \end{pmatrix}^{-1} \begin{pmatrix} R_0 & T_0 \\ 0 & 1 \end{pmatrix} \begin{pmatrix} R_t & T_t \\ 0 & 1 \end{pmatrix} \begin{pmatrix} X_s \\ 1 \end{pmatrix} \tag{2-34}$$

式中，R_0、T_0 和 γ 是实时变化的，分别表示当前的机器人末端坐标系相对于机器人基坐标系的旋转矩阵、平移向量以及变位机旋转角度，它们与采集到的每一幅激光线图像对应。

在研究期间，进行了大量实物零件的数据获取，图 2-17 给出了一些典型的测量结果。

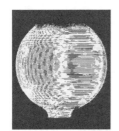  

(a) 系统校准的标准球数据　　　　(b) 扭力轴磨损表面的形貌数据　　　　(c) 扭力轴头端面的形貌数据

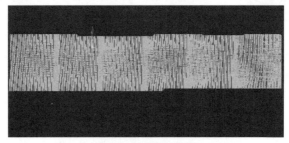

(d) 某长轴零件的数据

图 2-17　数据获取系统的测量结果

数据预处理是对获取的原始点云数据进行降噪处理(滤波)、数据精简、区域合并或分割(重叠区域处理)等的过程，以获得完整、正确的测量数据，用于最终的模型生成。

2.2　数　据　处　理

2.2.1　点云降噪处理

在实际测量中受到人为或随机因素的影响，会使测量结果引入噪声。为了降低或消除噪声的影响，需要进行点云滤波(point-cloud filtering)或称为平滑滤波(smoothing filtering)，目的是去除或降低噪声误差、数据精简和抽取特征信息。

1)自动平滑滤波

逆向工程中，对于高密度点云，常采用程序自动判别滤波。目前通常采用标准高斯(Gaussian)、平均(average)和中值(median)的滤波算法，图 2-18 为它们的效果图。高斯滤波在指定域内的权重为高斯分布，其平均效果较小，因此在滤波时能较好地保持原有数据的形貌。平均滤波采样点的值取滤波窗口内各数据点的统计平均值。中值滤波采样点的值取滤波窗口内各数据点的统计中值，这种滤波可较好地消除毛刺。实际使用时，可根据"点云"质量和后序建模要求灵活选择滤波算法。

这几种方法都借鉴了数字图像处理中的概念，将所获得的数据点视为图像数据，即将数据点的 z 值看成图像中像素点的灰度值。对于图像中的每一个像素，取以它为中心的一个区域，用该区域内各像素灰度的加权平均值取代该像素的灰度值，称为平滑处理。具体的做法是取一个方形区域，称为平滑窗口(window)或模板(mask)，它是由权重值组成的二维阵列。窗口在图像上"滑动"时，窗口中心的像素根据式(2-35)更新其灰度，当每个像素都被扫描一遍后，就完成了一幅图像的平滑。

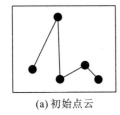 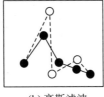 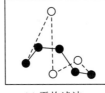

　　　(a) 初始点云　　　　　(b) 高斯滤波　　　　　(c) 平均滤波　　　　　(d) 中值滤波

图 2-18　三种常用的滤波效果

设 $f(i,j)$ 是一幅待平滑的图像，平滑窗口大小为 $(2N+1)\times(2N+1)$，则平滑后的图像可以表示为

$$g(i,j)=\frac{\sum\limits_{u=-N}^{N}\sum\limits_{v=-N}^{N}w_{uv}f(i+u,j+v)}{\sum\limits_{u=-N}^{N}\sum\limits_{v=-N}^{N}w_{uv}} \tag{2-35}$$

式中，w_{uv} 为权重值。

整个窗口内的权重值可进行归一化，即权重值之和等于 1。

$$\sum_{u=-N}^{N}\sum_{v=-N}^{N}w_{uv}=1 \qquad\qquad (2\text{-}36)$$

则式(2-35)将只剩下分子项。

平滑时常用的两种窗口如图 2-19 所示[13]，可用来对数据进行平均平滑和高斯平滑。

$$\frac{1}{9}\begin{bmatrix} 1 & 1 & 1 \\ 1 & 1 & 1 \\ 1 & 1 & 1 \end{bmatrix} \qquad\qquad \frac{1}{16}\begin{bmatrix} 1 & 2 & 1 \\ 2 & 4 & 2 \\ 1 & 2 & 1 \end{bmatrix}$$

(a) 平均窗口　　　　　(b) 高斯窗口

图 2-19　平滑常用的两种窗口

一般来说，窗口越大，平滑能力就越强。但是，噪声的消除程度和原有信息的衰减程度均与窗口的大小成正比，因此并不是窗口越大越好。这对应在实际中，滤波时存在着去除噪声点与保存特征点的矛盾。通常选择操作距离(指顺序点之间的最大间距)为过滤的阈值，应使该值具有针对性。应用高斯过滤时，操作距离是可以被修正的，那些远大于操作距离的点会被处理成固定的端点，这有助于识别间隙和端点。图 2-20 为实际扫描线数据的高斯平滑。

(a) 平滑前的数据　　　　　(b) 平滑后的数据

图 2-20　高斯平滑实例

2) 交互去噪

人机交互是逆向工程中思路最简单的去除噪声点的方法：通过图形，在点云中判别明显的噪声点，在数据序列中将这些点删除，这种方法非常直观。利用 OpenGL 来显示点云，并进行多角度观察，设计人员能及时发现明显不合理的噪声点。同时，可将我们认为不合理的噪声点通过交互方式直接删除。该方法简单、实用，且对噪声点的类别没有限制。

交互去噪程序的具体实现步骤如下：

(1) 导入点云数据；

(2) 建立列表结构，同时保存一个临时数据组，并调用 OpenGL 在屏幕上显示；

(3) 利用系统事件对临时数据进行坐标变换，多角度显示数据来进行观察；

(4) 对于明显的不合理点(噪声点)，用鼠标在屏幕上直接进行拾取；

（5）对拾取信息进行反馈，将数据点集内的标记点删除，获得滤除噪声点后的数据。

图 2-21 为具体的应用实例。

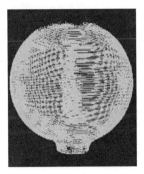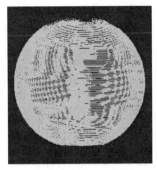

(a) 交互去噪前的点云　　　　　　(b) 交互去噪后的点云

图 2-21　交互去噪实例

2.2.2　数据精简算法

激光扫描测量过程中每分钟会产生上万个点数据，这提供了完整的零件信息。但是，实际上高密度的"点云"中存在大量的冗余数据，数据精简的目的就是压缩不必要的数据点，并尽可能多地保留原始形状特征，生成适合于后续建模的结构。针对本系统中扫描线数据结构的特点，提出了将距离阈值法和向量角度法相结合的数据精简算法。

距离阈值法是简单而又有效的快速精简算法，即对相邻点的距离设定阈值，当距离小于阈值时，将其中一点删除。当数据点十分密集时，可以通过该方法快速滤除冗余数据。其中，阈值的确定应根据具体的精度要求来选取，考虑精简效果最小应不小于测量精度的 1.5 倍，这样可对多次测量产生的重叠区域数据进行有效的精简。

向量角度法的原理如图 2-22 所示，实质就是通过估计点对扫描线的影响来判定点的重要性，从而在不影响扫描线特征的情况下，对数据精简。其算法为：考虑一条扫描线上的连续三点 $(A、B、C)$，可以计算出两个向量 $V_1 = B - A$ 和 $V_2 = C - B$；判断两向量的夹角 θ 是否大于指定的角度阈值 θ_r，是则保留 B，否则移除 B；循环考虑下一点直至扫描线尾。图 2-22 中的点 B 和 B'，很明显 θ' 远大于 θ，通过向量角度精简法，会保留 B' 而精简掉 B。

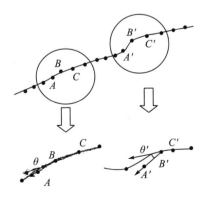

图 2-22　向量角度法原理图

　　本书采用距离阈值法和向量角度法相结合的精简方法,即在执行向量角度法的同时也将相邻两点的距离考虑在内,在满足 $\theta > \theta_\tau$ 的情况下,进一步判断点 B 到前一个保留点的距离 D 是否小于给定的距离阈值 D_τ ,是则保留 B ,否则删除 B 。图 2-23 给出了距离阈值法和向量角度法相结合的精简算法流程,该方法在保证获取理想精简效果的同时,能提高密集扫描线精简的处理速度。

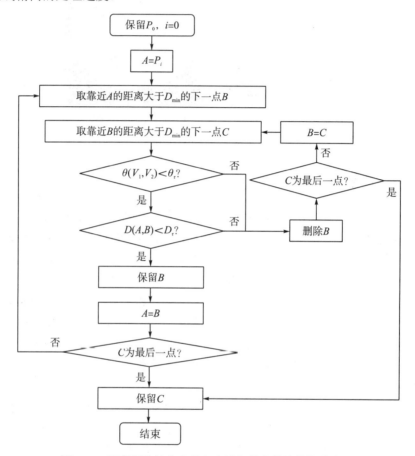

图 2-23　距离阈值法和向量角度法相结合的精简算法流程

　　图 2-24 为弹子槽精简处理实例。角度阈值 $\theta_\tau = 30°$ 、距离阈值 $D_\tau = 0.3\mathrm{mm}$ (约为测量精度的 2 倍)进行精简,精简前的点数是 71571,精简后的点数为 46776。

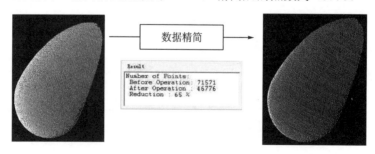

图 2-24　精简处理应用实例

2.2.3　区域合并与分割

1）点云的区域合并

实际工程应用中，由于受到被测物体形状、测量方法、测量时定位夹紧等多方面的限制，一次测量常常无法获得被测物体的全轮廓数据，需改变方位进行多次测量。这种情况下，测量结果是多块点云，因此在模型构建之前必须完成多次测量点云的拼接。

开发的数据获取系统经多次获得的点云，其数据值都是在机器人基坐标系下的三维坐标值，因此合并时不涉及多视角和坐标变换的问题，可以直接进行数据合成。拼接功能的实现原理是：首先顺序指定要进行拼接的点云文件；然后将文件中的数据读入并按拼接原则生成某一临时 Trv 数据结构，其中扫描线总条数为指定的若干点云的扫描线条数之和，扫描线和对应点的存储按照依次读入的点云中的扫描线及点坐标值顺序存储；最后保存这个临时 Trv 数据结构。

在了解上述原理的基础上可直接对文件内容进行修改，完成点云的拼接操作，但不推荐使用。实际应用中，可在人机交互的点云编辑功能中实现，即首先运行软件环境，顺序读入要进行拼接的点云文件，此时软件的显示功能会将拼接的效果表现在屏幕上，将已读入的多个文件一起选中另存为单一的文件，就实现了合并操作。

2）点云的分割

由于实际中再制造零件表面往往不是仅由一张简单的曲面构成的，而是由大量规则曲面（如平面、圆柱面、圆锥面、球面、圆环面等）及部分自由曲面组成的，通常需要将测量数据按实物原型的几何特征进行分割，然后针对不同数据块的信息采用不同的处理方法。例如，进行曲面建构时，可依据二次曲面、B 样条曲面、Bezier 曲面、NURBS 曲面的不同类型，选用不同的方案。

考虑后序模型比较，归结为两种情况：有标准零件模型时，直接将损伤模型与标准零件模型进行对比，获得修复模型的位置和大小；无标准零件模型时，可基于现有数据中未损伤部位的保留信息重新构造出标准零件几何模型，然后进行对比得出修复模型。尤其在后者情况下，构造出高质量零件模型的前提就是要成功地将损伤部位的测量数据与未损伤部位的数据分割开来，以充分利用未损伤部位的保留信息。

点云分割可以看成点云区域合并的相反过程，它的实现原理是：首先确定要进行分割的点云文件，该文件数据被读入一个临时 Trv 数据结构中，通过交互反馈，计算机会标记要进行分割的数据内容（地址）；然后按照分割的原则修改临时 Trv 数据结构，扫描线总条数改为初始值减去被标记的扫描线条数，被标记的扫描线及线上点的坐标值的存储将被删除；最后保存这个临时 Trv 数据结构。

点云的分割操作必须通过人机交互来实现，首先运行软件环境，读入要进行分割的点云文件，此时点云的形状会显示在屏幕上；经过多角度、全形状的认真分析并考虑后续需要来选中要分割出的数据点；进行分割后另存为某一文件，就实现了点云分割。

参 考 文 献

[1] Sabel J C. Calibration and 3D Reconstruction for Multicamera Marker Based Motion Measurement[M]. Netherlands: Delft University Press, 1999.

[2] Abdel-Aziz Y I, Karara H M. Direct linear transformation from comparator coordinates into object sapce coordinates in close-range photogrammetry[J]. Photogrammetric Engineering & Remote Sensing, 2015, 81(2): 103-107.

[3] Marzan G T, Karara H M. A computer program for direct linear transformation solution of the collinearity condition and some applications of it[J]. Processing Active Server Pages Symposium on Close Range Photogrammetric Systems, 1975: 420-427.

[4] 张栋, 钟培道, 陶春虎, 等. 失效分析[M]. 北京: 国防工业出版社, 2004.

[5] 李庆扬. 非线性方程组的数值解法[M]. 北京: 科学出版社, 1987.

[6] 李庆扬, 王能超, 易大义. 数值分析[M]. 5版. 北京: 清华大学出版社, 2008.

[7] 尹泽明, 丁春利. 精通 MATLAB 6[M]. 北京: 清华大学出版社, 2002.

[8] Hanselman D, 利特菲尔德 B, Littlefield B. 精通 MATLAB-综合辅导与指南[M]. 李人厚, 张平安, 译. 西安: 西安交通大学出版社, 1997.

[9] 隋连升, 蒋庄德. 基于 NURBS 曲线拟合的图像亚像素边缘提取方法[J]. 小型微型计算机系统, 2004, 25(8): 1502-1505.

[10] 梁治国, 徐科, 徐金梧, 等. 结构光三维测量中的亚像素级特征提取与边缘检测[J]. 机械工程学报, 2004, 40(12): 96-99.

[11] 黄燕群, 田爱玲. 光栅投影测量物体三维轮廓的条纹中心线相对偏移量的获取[J]. 应用光学, 2004, 25(6): 57-60.

[12] 黄燕群, 田爱玲. 光栅投影三角形法测量物体的三维轮廓[J]. 西安工业学院学报, 2004, 24(2): 103-106, 117.

[13] 何斌. Visual C++数字图像处理[M]. 北京: 人民邮电出版社, 2001.

第3章 模型建模与分层

在精处理原始零件缺损模型（简称缺损模型，如图 3-1(a) 所示）的基础上，建立再制造模型，即计算缺损模型表面的缺损量模型称为再制造模型（图 3-1(b)），其可为修复过程提供数据依据。针对轴类零件，可以通过两种途径来计算获得缺损量模型，一种是通过和零件的标准 CAD 模型比较计算获得；另一种是和缺损模型上未损区域拟合所得的标准柱面模型进行比较计算获得。

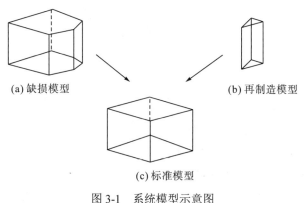

(a) 缺损模型   (b) 再制造模型

(c) 标准模型

图 3-1 系统模型示意图

3.1 模型建模

3.1.1 与标准 CAD 模型比较

标准 CAD 模型可以是设计时形成的 3D 模型，也可以是通过扫描仪扫描一个无缺损的同类零件所得 Trv 格式的模型文件。模型比较就是要计算缺损面点云到标准面点云或到三角化处理后面模型的距离，从而获得缺损点云的缺损量。由于在两模型进行对比时必须是在同一个坐标系下，这就要求将不同坐标系下的数据模型变换或统一到同一坐标系中来，这个数据处理过程就称为数据对齐，或数据配准、重定位等；经过配准后的两个模型，即将其中的标准模型统一到缺损模型的坐标系下，计算原始损伤零件缺损表面点云各点到标准模型（点或三角面）的最近距离，且记下其对应的法向量作为建立缺损量模型（即再制造模型）的依据。

3.1.2 曲面模型点云化

通过三维造型软件构件出来的标准零件 CAD 模型，通常是以曲面模型的形式存在的。该模型的外形表达将不仅局限于规则曲面，更多的是涉及大量的自由曲面。本节主要介绍自由曲面的离散化技术，该技术主要是实现曲面模型向点云模型的转化。

1）自由曲面的 NURBS 表示

在三维空间内，任意一张曲面可表示为关联参数 u、v 的参数化方程，即

$$\begin{cases} x = x(u,v) \\ y = y(u,v) \\ z = z(u,v) \end{cases} \quad \begin{pmatrix} u_0 \leqslant u \leqslant u_1 \\ v_0 \leqslant v \leqslant v_1 \end{pmatrix} \tag{3-1}$$

如图 3-2 所示，参数曲面上存在着两族参数曲线 $r(u,v_j)$ 和 $r(u_i,v)$，通常简称 u 线和 v 线，u 线和 v 线的交点是 $r(u_i,v_j)$。

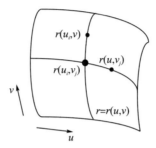

图 3-2　参数曲面示意图

参数曲面的具体描述可以采用多种不同的表达方式，常用的方法有 Bezier、B 样条以及 NURBS。NURBS 可通过调整网络控制点和权因子，方便地改变曲线和曲面的形状，它提供了对标准解析几何和自由曲线、曲面的统一的数学描述方法。NURBS 目前已经成为事实上的行业标准，在 CAD 模型中的曲面均是采用 NURBS 形式来表示的。

给定网络控制点 $P_i = (x_i, y_i, z_i)(i = 0,1,\cdots,n)$ 及权因子 $W_i(i-0,1,\cdots,n)$，则 NURBS 曲线的表达式为

$$C(u) = \frac{\sum_{i=0}^{n} N_{i,k}(u)W_i P_i}{\sum_{i=0}^{n} N_{i,k}(u)W_i} \tag{3-2}$$

式中，$N_{i,k}(u)$ 为 k 阶 $(k-1)$ 次 NURBS 基函数，按照 deBoor-Cox 公式递推，可得

$$\begin{cases} N_{i,1}(u) = \begin{cases} 1, & u_i \leqslant u \leqslant u_{i+1} \\ 0, & \text{其他} \end{cases} \\ N_{i,k}(u) = \dfrac{(u - u_i)N_{i,k-1}(u)}{u_{i+k-1} - u_i} + \dfrac{(u_{i+k} - u)N_{i+1,k-1}(u)}{u_{i+k-1} - u_{i+1}} \end{cases} \tag{3-3}$$

给定网络控制点 $P_{ij}(i = 0,1,\cdots,n; j = 0,1,\cdots,m)$ 及权因子 $W_{ij}(i = 0,1,\cdots,n; j = 0,1,\cdots,m)$，则 NURBS 曲面的表达式为

$$S(u,v) = \frac{\sum_{i=0}^{n}\sum_{j=0}^{m} N_{i,k}(u)N_{j,l}(v)W_{ij}P_{ij}}{\sum_{i=0}^{n}\sum_{j=0}^{m} N_{i,k}(u)N_{j,l}(v)W_{ij}} \tag{3-4}$$

式中，$N_{i,k}(u)$ 和 $N_{j,l}(v)$ 分别为 NURBS 曲面 u 参数和 v 参数方向的 NURBS 基函数；k、l 分别为 B 样条基函数的阶次。

2）NURBS 曲面的离散

NURBS 曲面要素主要包括曲面法向、u 线方向和 v 线方向、节点、控制点和阶次。曲面法向与曲面构造时的 4 个边界选取顺序有关，顺时针选取则法向朝外，反之则朝内。NURBS 曲面 4 条边中每两条边相互垂直的交线被分成 u 线方向和 v 线方向，它们也有正负之分，有了这样定性的方向，给曲面的编修带来了很大的方便。曲线的节点直观显示了曲线的走向，曲面与曲线具有相同的节点。控制点是由插值运算产生的，可以在曲面上，也可以在曲面外，用来控制曲面的形状。阶次表明了曲面的复杂程度，曲面的阶次是可以调节的，调节范围为 1～24 阶次，工程上大多采用 3 次曲面，曲面阶次越低光顺性越好，较为复杂的曲面需要用到较高的阶次。

由于在 CAD 模型中 NURBS 曲面的解析表达是完全已知的，可以根据需要，通过确定参数 (u,v) 的值 $(u \in [0,1], v \in [0,1])$ 来实现对自由曲面进行离散以生成满足要求的点云数据。本书在 Surfacer10.0 造型平台上通过设置离散类型、表面偏差、法向偏差等实现了对 u 线方向和 v 线方向都是 3 次的 NURBS 曲面的离散。由图 3-3 可知，模型的离散过程是先将 NURBS 曲面进行网格化，然后计算得到所有网格顶点的三维坐标。曲面离散的结果就形成了一个目标点云数据。

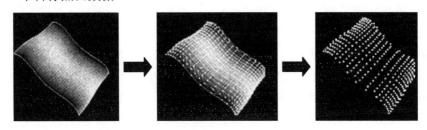

图 3-3　自由曲面离散化

3.1.3　点云的配准比较

当两点云模型进行对比时必须是在同一个坐标系下，这就要求将不同坐标系下的数据模型变换或统一到同一坐标系中来，这个过程称为数据对齐，或数据配准、重定位等；经过配准后的两个模型，即将标准模型变换到缺损模型的坐标系下，计算损伤零件表面点云的各点到标准模型的最近距离，并记下其对应的法向量作为建立缺损量模型（即再制造模型）的依据。

1）点云的迭代最近点（iterative closest point，ICP）配准算法

点云模型应认定为刚体（即数据点运动时只存在坐标变化，不产生形状变化），则配准过程可看成空间两个刚体的坐标变换，其数学描述为：已知两个不同坐标系下的三维扫描点集，假定标准模型点云为 $A = \left\{ p_i \middle| p_i \in R^3, i = 1, 2, \cdots, n \right\}$，损伤零件模型点云为

$B=\left\{q_{j}\Big|q_{j}\in R^{3},j=1,2,\cdots,m\right\}$，求解旋转矩阵 R 和平移向量 T，使下列目标函数最小，即

$$E(R,T)=\sum_{i=1}^{n}\left\|Rp_{i}+T-p_{i}'\right\|^{2} \tag{3-5}$$

式中，R 和 T 分别为应用于点云 A 的 3×3 阶旋转矩阵和平移向量；p_{i}' 表示在点云 B 中选取的与 p_{i} 相匹配的对应点。

目前常用的配准方法是 Paul 等提出的基于优化理论的 ICP 算法。ICP 配准的前提是进行配准的两个点云具有空间对应性，即点云数目要求相等，而实际应用中的两个点云模型很难满足这样的条件。为了解决这个问题，采用迭代最近距离的方法来确定特征点云之间的对应性。这种方法是基于最小化一个点云中的点与另一个点云中最近点的距离，来建立点云之间的对应性。

设点云 A 中点的数目小于点云 B，定义点云 A 中的点 p_{i} 到点云 B 的最近距离为

$$d(p_{i},B)=\min_{q_{j}\in B}\left\|p_{i}-q_{j}\right\| \tag{3-6}$$

利用上述的最近距离求取公式可以求得点云 A 中的每一个点在点云 B 中的对应点，这样就满足了两个点云之间的对应性，然后可以求解满足式(3-5)最小条件下的模型的变换参数。

初始使用最近距离标准所产生的两个点云的对应点对，可能出现错误的点对应性，因此在求解出变换参数后，对一个点云进行空间变换，产生出一组新的点集，再重复上面的过程，迭代进行，直到满足精度为止。

具体的 ICP 算法实现步骤如下：

(1)读入点云数据，并明确点云 A 要向点云 B 配准。

(2)设置 $k=0$，旋转矩阵 R 为单位矩阵，平移向量 T 为零向量。

(3)利用最近距离公式建立点云 A' 和点云 B 的对应性，第一次时令 $A'=A$。

(4)求解出变换参数 R 和 T。

(5)累加旋转矩阵和平移向量，对点云 A 进行变换，得到 A'。

(6)计算点云 A' 和点云 B 的配准误差，如果满足精度，则迭代停止；否则，返回步骤(3)重新进行。

2)配准参数求解

快速有效地求解点云配准参数，可以采用奇异值分解(singular value deco-mposition，SVD)方法或四元数法[1-4]，其中奇异值分解方法对高维问题更有效，对两点云的配准采用单位四元数法比较方便。

四元数由四项组成，即 $q=q_{0}+q_{1}i+q_{2}j+q_{3}k$；如果 $q_{0}^{2}+q_{1}^{2}+q_{2}^{2}+q_{3}^{2}=1$，则称为单位四元数。用单位四元数法求解平移矩阵和旋转矩阵的步骤如下：

(1)对于点云 $A=\left\{p_{i}\Big|p_{i}\in R^{3},i=1,2,\cdots,n\right\}$ 及其对应点云 $B'=\left\{q_{i}\Big|q_{i}\in R^{3},i=1,2,\cdots,n\right\}$，由式(3-7)计算各自的质心 μ_{a} 和 μ_{b}，即

$$\begin{cases} \mu_{\mathrm{a}} = \dfrac{1}{n}\sum_{i=1}^{n} p_i \\ \mu_{\mathrm{b}} = \dfrac{1}{n}\sum_{i=1}^{n} q_i \end{cases} \tag{3-7}$$

(2) 根据式 (3-8) 计算平移后的 p_i' 和 q_i' $(i=1,2,\cdots,n)$，即

$$\begin{cases} p_i' = p_i - \mu_{\mathrm{a}} \\ q_i' = q_i - \mu_{\mathrm{b}} \end{cases} \tag{3-8}$$

(3) 由 p_i' 和 q_i' 构造协方差矩阵 Σ，即

$$\Sigma = \frac{1}{n}\sum_{i=1}^{n} p_i'\left[q_i'\right]^{\mathrm{T}} = \begin{pmatrix} S_{xx} & S_{xy} & S_{xz} \\ S_{yx} & S_{yy} & S_{yz} \\ S_{zx} & S_{zy} & S_{zz} \end{pmatrix} \tag{3-9}$$

(4) 由协方差矩阵 Σ 构造 4×4 对称矩阵 Q，即

$$Q = \begin{pmatrix} S_{xx}+S_{yy}+S_{zz} & S_{yz}-S_{zy} & S_{zx}-S_{xz} & S_{xy}-S_{yx} \\ S_{yz}-S_{zy} & S_{xx}-S_{yy}-S_{zz} & S_{xy}+S_{yx} & S_{zx}+S_{xz} \\ S_{zx}-S_{xz} & S_{xy}-S_{yx} & -S_{xx}+S_{yy}-S_{zz} & S_{yz}+S_{zy} \\ S_{xy}-S_{yx} & S_{zx}-S_{xz} & S_{yz}+S_{zy} & -S_{xx}-S_{yy}-S_{zz} \end{pmatrix} \tag{3-10}$$

(5) 求矩阵 Q 的最大特征值，对应的单位向量即单位四元数 $q=\left(q_0,q_1,q_2,q_3\right)^{\mathrm{T}}$。

(6) 由单位四元数求旋转矩阵 R 和平移向量 T，即

$$R = \begin{pmatrix} q_0^2+q_1^2-q_2^2-q_3^2 & 2\left(q_1q_2-q_0q_3\right) & 2\left(q_1q_3+q_0q_2\right) \\ 2\left(q_1q_2+q_0q_3\right) & q_0^2-q_1^2+q_2^2-q_3^2 & 2\left(q_2q_3-q_0q_1\right) \\ 2\left(q_1q_3-q_0q_2\right) & 2\left(q_2q_3+q_0q_1\right) & q_0^2-q_1^2-q_2^2+q_3^2 \end{pmatrix} \tag{3-11}$$

$$T = \mu_{\mathrm{b}} - R\mu_{\mathrm{a}}$$

得到旋转矩阵 R 和平移向量 T 后，将点云 A 中的全部点 p 依次通过式 (3-12) 进行转换，然后重新组合为点云 A'，从而实现了向点云 B 数据的配准，即

$$\hat{p} = R \cdot p + T \tag{3-12}$$

3) 改进的 ICP 算法

ICP 算法虽然基本能够满足点云配准在精度上的要求，但算法本身计算效率不高，花费时间长，特别是对于实际测量中的海量数据无法直接使用。因此，对其进行了改进，以提高计算效率。

如果以计算复杂度衡量，ICP 配准的时间代价是 $O(n,m)$。在实际测量中，当数据量很大时 (如几十万甚至几百万个点)，所花费的时间将是惊人的。如果能够保证配准的精度，并且同时减少时间代价到 $O(n)$，对实际应用具有重要意义。

本书改进为基于特征点的 ICP 算法，目的在于解决传统 ICP 算法计算效率低的问题。由于 ICP 算法中求最近距离所花费的时间比较多，如果能够把这个步骤的时间代价减少到 $O(n)$，则达到目的。本书算法首先根据标准点云的曲率特征，寻找出若干个特征点，然后利用 K 邻域搜寻方法找出这些特征点在缺损点云中的最近点，通过此步骤可减少算法

的时间代价到 $O(\lg m)$。图 3-4 展示了多翼螺旋桨的 ICP 配准效果。

算法流程具体说明如下：

(1) 读入标准点云 A（含有 n 个点）和缺损点云 B（含有 m 个点）。

(2) 根据 2.2.2 节的向量角度法，寻找出点云 A 中的 x 个特征点（x 为常数，如 $x=1000$），得到特征点云 F。

(3) 初始化：$k=0$，$F_k=F$，R 为 3×3 单位矩阵，T 为 1×3 零向量。

(4) 利用 K 邻域寻找 F_k 在 B 中的最近点云 B_k，$B_k=C(F_k,B)$（耗时为 $O(\lg m)$）。

(5) 单位四元数法计算配准参数：$(R,T)=Q(F_k,B_k)$（耗时 $O(n)$）。

(6) 点云坐标变换：$F_{k+1}=R\cdot F_k+T$，$A=R\cdot A+T$，$k++$。

(7) 判断点云 A 和点云 B 的配准误差，如果满足精度，则迭代停止；否则，返回步骤 (4) 重新进行。

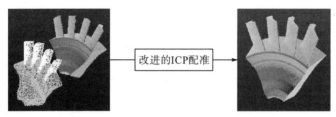

图 3-4　多翼螺旋桨的配准

4）点云的比较

标准点云模型向缺损点云模型配准后，计算缺损表面各点到标准模型的最近距离，是建立再制造模型的依据，如图 3-5 所示。

图 3-5　点云的比较建立再制造模型

(1) 求取最近距离[5]。对于点云 B 中的一点 q，首先求出点云 A 中与之欧氏距离最近的三个点，欧氏距离的求取利用式 (3-13)，即

$$d(p,q)=\|q\,p\|=\sqrt{(x_q-x_p)^2+(y_q-y_p)^2+(z_q-z_p)^2} \tag{3-13}$$

假设三点的坐标分别为 $(x_i,y_i,z_i)(i=1,2,3)$，然后以此三点构建一个三角面 T，则 T 的方程为

$$\begin{vmatrix} x-x_1 & y-y_1 & z-z_1 \\ x_2-x_1 & y_2-y_1 & z_2-z_1 \\ x_3-x_1 & y_3-y_1 & z_3-z_1 \end{vmatrix}=0 \tag{3-14}$$

以点 q 到三角面 T 的垂足 p' 作为它的最近点，距离 $d(p',q)$ 即为点 q 到标准模型的距离，也即缺损量 E。向量 $\overrightarrow{qp'}$ 即为其法向量，代表了进行再制造成形的理论方向。

(2) 获得再制造点云。设定缺损量阈值 E_τ，将损伤点云中缺损量 $E>E_\tau$ 的点抽取出来，并与标准点云中所对应的最近点共同记录，保存为再制造点云模型的数据结构：

```
struct REPt{
        double  x, y, z;          //缺损点的x, y, z坐标
        double  x1, y1, z1;       //对应的标准点云坐标
}
```

可见，典型的再制造模型是由缺损数据和标准数据组成的，二者作为一个整体应该具有完整封闭的空间外形。由于大部分零件的损伤首先是从外表面开始的，这往往造成在外表面损伤面积最大，越向内部会逐渐减轻。而反映在缺损表面的点云形状上，大都呈 V 形或 U 形，从而构建出的完整的再制造模型将呈现▽形或▽形。

从快速制造的角度看，此类模型需考虑成形前添加支撑和成形后去除支撑的难题；然而再制造却是在损伤零件的基体上进行的，损伤零件本身就是最好的固有支撑且无需去除。此外，如果选定 Z 方向作为成形方向，则缺损数据在成形方向上的最近距离点都还将分布在标准数据内，这种特征被称为模型具有严格的保凸性。

3.2　点云模型的分层

快速再制造成形是根据零件的再制造层片信息通过一层一层的材料堆积完成的，因此需要从零件的再制造点云模型中提取出反映其层片信息的数据。点云的直接分层就是指用一系列分层面来切分点云模型，从而将空间分布的点云映射为相应的截面数据，并通过进一步的数据处理后，最终提取出进行再制造所需要的轮廓信息。

对再制造点云模型直接进行分层，省去了数据处理中最复杂耗时的曲面重构过程，既节省了时间、减少了误差来源，又能提高效率，符合快速性的要求。不仅基于此，本章还充分考虑再制造的分层精度，先后提出并实现三种分层处理方法，即自适应平面分层、等距曲面分层和梯度曲面分层，其中涉及了大量的算法开发；最后重点围绕着层片轮廓的提取与处理技术展开深入的研究。

3.2.1　平面分层

分层技术，通常是指采用一系列平行平面来切分模型。根据相邻切平面的距离是否相等，可划分为均匀分层和自适应分层。均匀分层简单易行、执行速度快，但是会存在明显的台阶效应；自适应分层则采用适应性变化层厚的方法，不仅满足了快速性的要求，又较好地解决了台阶效应，同时兼顾了效率和精度。下面研究自适应算法的实现。

1) 确定分层参数

分层处理之前首先需要考虑分层参数，主要包括分层方向、分层高度、分层厚度、分

层数目以及分层带宽等。

分层方向的确定，既要考虑零件本身的形状特征，又要便于快速再制造成形，一般的选择原则是堆积高度最小或基面积最大。在本节中，平面分层的方向优先设定为机器人基坐标系下的 Z 轴方向，因此在最初采集点云之前，应尽量将零件按此标准装卡。如果 Z 轴并不是点云的最优分层方向，则可以通过人机交互调整模型的位置，也就是对点云进行一系列的旋转操作和平移操作。这部分工作已经在前面论述过。

分层高度是指点云在选定分层方向上的高度范围值。对于已选定机器人基坐标系下的 Z 轴为分层方向，因此只要遍历点云并得到它们的 z_{min} 和 z_{max}，二者之差即为分层高度。分层厚度和分层数目一般是根据分层算法计算出来的，也可由用户根据实际需要来确定。分层厚度过小会产生失真；分层厚度过大，不仅造成数据的浪费，无法保证再制造精度，还会加大后续数据处理的工作量。分层带宽则用来限定相邻分层平面之间的相关区域，只对该区域内的点云向下层切平面进行映射操作。

2）点云映射及表面误差

（1）层间点云映射。点云模型 P 在进行自适应平面分层时，分层截面是平行于 XOY 平面的一系列平面，即切平面族方程为 $z=z_i$（z_i 为切平面在 Z 轴上的高度）。由相邻两切平面 $z=z_i$ 和 $z=z_{i+1}$ 所截取的部分空间点云一般呈条带状，设为 Γ_i，其满足：

$$\left\{\Gamma_i=(x,y,z)\middle|\Gamma_i\subseteq P\text{且}z_i\leqslant z<z_{i+1}\right\} \tag{3-15}$$

将 Γ_i 向下切平面 $z=z_i$ 上映射，映射机制采用垂直投影算法，就得到了截平面上的轮廓数据 Ω_i。假设 Γ_i 中的任意点 $P_\Gamma=(x,y,z)$，其投影点也即截面上的轮廓点，则为

$$P_\Omega=(x_\Omega,y_\Omega,z_\Omega)=(x,y,z_i) \tag{3-16}$$

图 3-6（a）为切平面 z_i、z_{i+1} 及点云数据，图 3-6（b）为 z_i 上的投影点云。

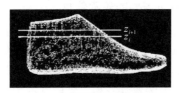

(a) 点云数据和切平面   (b) 投影点云

图 3-6 平面分层的层间点云投影

（2）表面误差定义。由图 3-6 可以看出投影点云也呈条带状，这是由于在切平面的成形高度上存在表面的形状变化。因此，定义表面误差 σ 来表示两层切片之间的表面差值程度，以投影点云径向宽度 R 的最大值 R_{max} 可以较为准确地反映出来。

由于投影点云是散乱无序的，直接计算径向宽度 R 比较困难，借助了图像处理中的距离变换求取边界距离的方法[5]。

（a）首先将分层面上的投影点云映射为二值图像 So，映射原理如下：

假定一个网格投影平面，该平面平行于分层平面，网格宽度可根据点云间距来选取，不能太大，这样将导致很多点都投影到同一个网格，但也不能太小，否则容易出现空洞，

给处理带来不便。当映射某分层面的投影数据时，规定有点落入网格的网格值为 1，否则为 0。这样，投影点云和二值图像就建立了对应关系，即

$$\begin{cases} i = \operatorname{int}(x / \text{box\_size}) + 1 \\ j = \operatorname{int}(x / \text{box\_size}) + 1 \\ g(i, j) = 1 \end{cases} \tag{3-17}$$

(b) 然后提取出图像 So 的边界网格，算法如下：

① 拷贝 So 的图像 So′ 至内存中。

② 从左到右、从上到下扫描 So′。若网格值为 1，执行 (c)；否则，执行 (d)。

③ 判断该网格的 4 邻域内是否有 0 值存在。如果有，该网格为边界网格，令其网格值为 0；否则为内部网格，令其网格值为 255。

④ 对于 0 网格则直接令其网格值为 255。

⑤ So′ 扫描完毕，保存并退出。

(c) 再对图像 So′ 进行距离变换，具体变换过程如下：

① 从左到右、从上到下扫描图像 So′，利用图 3-7(a) 所示的正向扫描模板计算每一个网格的网格值，即 $X_{(i,j)} = \min\left\{X_{(i+1,j-1)} + 4, X_{(i+1,j)} + 3, X_{(i+1,j+1)} + 4, X_{(i,j-1)} + 3, X_{(i,j)}\right\}$。

② 从右到左、从下到上扫描图像 So′，利用图 3-7(b) 所示的逆向扫描模板计算每一个网格的网格值，即 $X_{(i,j)} = \min\left\{X_{(i-1,j+1)} + 4, X_{(i-1,j)} + 3, X_{(i-1,j-1)} + 4, X_{(i,j+1)} + 4, X_{(i,j)}\right\}$，最终得到一幅距离图像 S_l。

(d) 最后输出图像 So 中所有 1 网格对应的距离图像 S_l 中的网格值的最大值 $X_{\max}$。

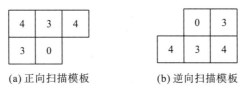

(a) 正向扫描模板   (b) 逆向扫描模板

图 3-7 距离变换的扫描模板

距离图像 S_l 中的网格值代表了该网格到边界网格的最近距离。在上述方法中假定相邻网格间的距离为 3，以点云二值映射时的实际网格宽度 box_size 来取代假定的网格间距离，就可以得到点云径向宽度的最大值为

$$R_{\max} = (X_{\max} / 3) \times \text{box\_size} \times 2 \tag{3-18}$$

由于点云不一定正好填充到网格的边界，如图 3-8(a) 所示，计算结果就是 $R_{\max}$ 偏大，即精度偏高，这会造成很多冗余分层，可以对 $R_{\max}$ 进行修正。

修正方法是在距离图像 S_l 中搜索所有值为 $X_{\max}$ 的网格，对于每一个值为 $X_{\max}$ 的网格 (i, j) 查找它周围的 0 网格对，0 网格对如图 3-8(b) 所示，就是以网格 (i, j) 为对称中心的两个 0 网格。计算 0 网格对所包含的点之间的最大距离，如果有多个 0 网格对，就计算出每个 0 网格对所对应的点之间的最大距离，以这些最大距离中的最小值作为径向宽度，以此类推，计算出所有值为 $X_{\max}$ 的网格对应的径向宽度，求取所有径向宽度的最大值，即为所求的最大径向宽度 $X_{\max}$。

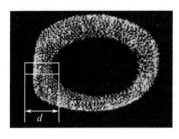
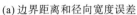

(a) 边界距离和径向宽度误差

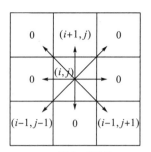

(b) 0 网格对示意

图 3-8　边界距离误差及修正

3) 确定分层厚度

分层厚度 h 的确定依据是层间阶梯效应所形成的表面误差 σ，合理有效的 h 将保证每层的 σ 分布于较小的范围 $\varepsilon = [\varepsilon_1, \varepsilon_2]$，$\varepsilon$ 决定了再制造的表面质量。前面已经定义了表面误差 $\delta = R_{\max}$ 并总结出了求取方法，现在需要建立出 σ 与 h 的关系。

初始分层时，需要设定 ε 的大小，并选择机器人堆焊成形的最小值 $h_{\min}$ 为初始厚度。在以表面误差 σ 为标准变动某层的高度 h 时，可依照中值逼近，即当确定第 i 层的 h 时，下切平面确定为 $z = z_i$，如果某次迭代上切平面为 $z = z_{i+1}$，而此时计算所得 $\sigma < \varepsilon_1$，则将上切层增高为

$$z = z_{i+1} + 2(z_{i+1} - z_i) \tag{3-19}$$

然后计算 σ 与 ε 进行比较。若 $\varepsilon_1 < \sigma < \varepsilon_2$，则将 $h = 3(z_{i+1} - z_i)$ 作为 i 层堆层厚度。

如果某次迭代上切平面为 $z = z_{i+1}$，得到的表面误差 $\sigma > \varepsilon_2$，则将上切层降低为

$$z = z_{i+1} - (z_{i+1} - z_i) / 2 \tag{3-20}$$

再计算表面误差 σ，如果 $\varepsilon_1 < \sigma < \varepsilon_2$，则将 $h = (z_{i+1} - z_i) / 2$ 作为 i 层堆层厚度。

分层算法中还可能涉及机器人堆焊设备的最大堆积厚度 $h_{\max}$ 与最小堆积厚度 $h_{\min}$。当由 σ 所确定的分层厚度 $h \geqslant h_{\max}$ 时，令 $h = h_{\max}$；同样，当分层厚度 $h \leqslant h_{\min}$ 时，令 $h = h_{\min}$。一般 $h_{\max}$ 及 $h_{\min}$ 越小则再制造精度越高，但花费时间更长，有关它们的论述详见第 4 章。

综上所述，确定分层厚度 h 的算法如下：

(1) 输入 $h_{\min}$、$h_{\max}$ 以及 $\varepsilon = [\varepsilon_1, \varepsilon_2]$。

(2) 读入点云，并遍历点云 z 坐标的最大值 $z_{\max}$ 和最小值 $z_{\min}$。

(3) $i = 0$，下切平面为 $z_i = z_{\min}$。

(4) 初始分层厚度为 $h_i = h_{\min}$，则上切平面为 $z_{i+1} = z_i + h_i$。

(5) 将两层切平面 z_i 和 z_{i+1} 之间的点云向下切平面 z_i 投影，计算投影点云的 $R_{\max}$。

(6) 判断 $R_{\max}$ 和 h_i：

① 若 $R_{\max} < \varepsilon_1$ 且 $h_i \geqslant h_{\max}$，则令 $h_i = h_{\max}$，$z_{i+1} = z_i + h_i$，转至步骤 (8)；

② 若 $R_{\max} < \varepsilon_1$ 且 $h_i < h_{\max}$，则令 $z_{i+1} = z_{i+1} + 2(z_{i+1} - z_i)$，$h = z_{i+1} - z_i$；

③ 若 $R_{\max} > \varepsilon_2$ 且 $h_i \leqslant h_{\min}$，则令 $h_i = h_{\min}$，$z_{i+1} = z_i + h_i$，转至步骤 (8)；

④ 若 $R_{\max} > \varepsilon_2$ 且 $h_i > h_{\min}$，则令 $z_{i+1} = (z_{i+1} + z_i) / 2$，$h = z_{i+1} - z_i$；

⑤ 其他则转至步骤 (8)。

(7) 再次判断 h_i :

① 若 $h_i < h_{min}$ ，则令 $h_i = h_{min}$ ， $z_{i+1} = z_i + h_i$ ，转至步骤(5)；

② 若 $h_i > h_{max}$ ，则令 $h_i = h_{max}$ ， $z_{i+1} = z_i + h_i$ ，转至步骤(5)；

③ 其他则转至步骤(5)。

(8) 判断 z_{i+1} ：若 $z_{i+1} < z_{max}$ ，则令 $i=i+1$ ，转至步骤(4)；否则，令 $h_i = z_{max} - z_i$ 。

(9) 若 $h_i < h_{min}$ ，则令 $h_i = h_{min}$ ；结束。

图 3-9 为针对某回转体零件点云进行的平面分层，图中表明了采用均匀分层和自适应分层的不同效果。

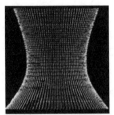  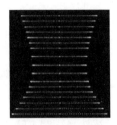

(a) 原始点云数据   (b) 均匀分层效果   (c) 自适应分层效果

图 3-9 某回转体零件点云的平面分层效果

3.2.2 曲面分层

传统的分层方式都采用平面分层，采用曲面分层的方法很少见。曲面分层可将分层方式由传统的二维平面分层发展为空间的曲面分层，成形方式更接近于智能制造模式。由于平面分层不可避免地会出现分层台阶，将平面分层面改为因应模型所产生的曲面，会使得零件的成形曲面由于没有台阶而变得平滑，提高了成形精度。

1) 等距曲面分层

本节首先针对再制造零件的成形表面形状与分层曲面的形状一致、便于分层制造的情况，研究等距曲面分层的方法。众所周知，常见的再制造零件中轴类零件占很大一部分，因此主要实现了圆柱面的等距离分层技术。

图 3-10 是某损伤轴的模型，对其采用等距离圆柱面分层的过程如下：

(1) 选取未损坏区域的点云进行圆柱面拟合，作为标准的模型。拟合计算结果可得轴线上一点 $P_0 = (x_0, y_0, z_0)$ 、轴线的单位方向矢量 $\vec{n} = (n_x, n_y, n_z)$ 以及圆柱面半径 r 。

(2) 选中损伤零件点云，计算各个点到标准圆柱面的距离作为每个点的缺损量 e ，并遵循 3σ 原则[6, 7]提取出缺损严重的数据点云以及 e ，称为再制造模型。

(3) 建立标准圆柱面的等距曲面族 $S(p_0, n, r_i)$ ：轴线经过点 $P_0 = (x_0, y_0, z_0)$ 、轴线的单位方向矢量 $\vec{n} = (n_x, n_y, n_z)$ 以及圆柱面半径 $\{r_i | i = 0, 1, \cdots, n 且 r_{i+1} - r_i = h\}$ ，其中 h 表示分层距离。

(4) 将相邻圆柱面之间的点云映射至下层面上，构建出轮廓数据；而且根据需要，下层面以下的点云也可映射至该层面，作为轮廓内部数据保存，以备生成再制造路径。

可见，等距离圆柱面的点云分层方向被确定为圆柱体的极轴 r 方向，这对应于实际中的轴类零件装卡应尽量水平，使变位机的旋转轴线与机器人基坐标系下的 Y 轴方向重合，这样在再制造的过程中可以通过变位机的实时旋转确保成形方向与机器人基坐标系下的 Z 轴方向一致。

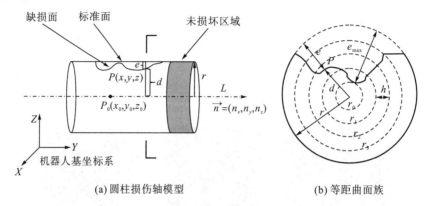

(a) 圆柱损伤轴模型   (b) 等距曲面族

图 3-10　轴类零件等距离圆柱面分层模型

求解缺损点云任意一点 $P(x,y,z)$ 到标准柱面的距离即缺损量 e，可以转换为点 P 到轴心所在直线 L 的距离与柱体半径之差，即

$$e = r - d(P,L) = r - \sqrt{(x-x_0)^2 + (z-z_0)^2} \tag{3-21}$$

缺损量 e 的大小反映了零件在该点处的缺损程度，选择 $e_{\max}$ 作为分层的高度范围值。分层距离 h 和分层数目 n 可根据实际需要来确定，一般 h 取区间 $[h_{\min}, h_{\max}]$ 中的优化值。h 和 n 的关系应满足：

$$e_{\max} = n \cdot h \tag{3-22}$$

因此，在成形方向上的一系列柱面半径值 r_i 就被确定了出来，即

$$\begin{cases} r_0 = r - e_{\max} \\ r_i = r_{i-1} + h, \quad i = 1, 2, \cdots, n \end{cases} \tag{3-23}$$

当再制造点云模型中的点 $P(x,y,z)$ 映射至分层之间的下层柱面时，需要首先计算该点所属的分层区间序号 i，即

$$i = \text{int}\left(\frac{e_{\max} - e}{h}\right) - 1 \tag{3-24}$$

映射机制采用分层方向上的直接投影算法，轮廓数据 $P'(x',y',z')$ 依据式(3-25)得出，即

$$\begin{cases} x' = \dfrac{r_i}{d(P,L)} \cdot (x - x_0) + x_0 \\[2mm] y' = y \\[2mm] z' = \dfrac{r_i}{d(P,L)} \cdot (z - z_0) + z_0 \end{cases} \tag{3-25}$$

遍历再制造点云中的所有点，求取出其所对应的轮廓数据就完成了等距曲面分层。某些情况下，还可以将分层面以下的点云也采用式(3-25)进行映射变换，生成轮廓内部数据，并进一步生成再制造路径。具体原因，参见 3.2.3 节。

2) 梯度曲面分层

为了解决小倾斜度表面的成形精度问题，提出了梯度曲面分层的方法。该方法是指在成形高度范围内构造出若干梯度变化的中间分层面，以实现从再制造基面向成形表面的过渡变化。根据模型特征确定出分层曲面是梯度分层的关键。

对于典型的呈现▽形或▽形的再制造模型，为了研究方便，分层方向一般统一定为机器人基坐标系下的 Z 轴方向，则此时模型都具备严格的保凸性，如果将再制造基面点云采用梯度距离进行逐层增长就形成了一系列的过渡分层面。同时，点云的增长值也构成了分层曲面上的成形点，这还为再制造路径的生成提供了数据基础。

(1) 成形距离计算。首先认定再制造模型是完整的，由缺损点云和标准点云组成。将再制造模型进行空间网格划分，对于任意点 $P(x, y, z)$，计算出它的网格号 (i, j, k)，即

$$\begin{cases} i = \mathrm{int}\left(\dfrac{x - x_{\min}}{\mathrm{box\_size}}\right) + 1 \\[2mm] j = \mathrm{int}\left(\dfrac{y - y_{\min}}{\mathrm{box\_size}}\right) + 1 \\[2mm] k = \mathrm{int}\left(\dfrac{z - z_{\min}}{\mathrm{box\_size}}\right) + 1 \end{cases} \tag{3-26}$$

计算网格 (i, j, k) 的质心点 $P_p(xx, yy, zz)$，假设网格中点的个数为 sum，则

$$\begin{cases} xx = \displaystyle\sum_{ii=1}^{\mathrm{sum}} x_{ii} \,/\, \mathrm{sum} \\[2mm] yy = \displaystyle\sum_{ii=1}^{\mathrm{sum}} y_{ii} \,/\, \mathrm{sum} \\[2mm] zz = \displaystyle\sum_{ii=1}^{\mathrm{sum}} z_{ii} \,/\, \mathrm{sum} \end{cases} \tag{3-27}$$

建立缺损点云所处的网格 (i, j, k) 与标准点云所处的网格 (i', j', k') 的对应关系，对应原则是网格号满足 $i = i'$ 且 $j = j'$，并计算对应网格的质心点的欧氏距离，即

$$d = \sqrt{(xx - xx')^2 + (yy - yy')^2 + (zz - zz')^2} \tag{3-28}$$

距离 d 反映了缺损点云在该点处的缺损程度，也就是需要进行再制造的成形距离。选择 $d_{\max}$ 作为曲面分层的高度范围值。

(2) 梯度距离确定。梯度距离的大小将决定再制造基面向成形表面的逐层演变的过程与程度。

在实际中，一般首先确定分层数目 n。考虑兼顾再制造的快速性的要求，n 值可由式 (3-29) 进行估算：

$$n = \mathrm{int}\left(d_{\max} / h_{\max}\right) + 1 \tag{3-29}$$

然后，按照如下算法确定出点云的分层区间号 num 和梯度距离 h_λ：

①读入网格划分后的再制造模型，提取出缺损点云所在网格的质心数据 P 以及其对应的成形距离 d，构建数据结构 $D = [P; d; \mathrm{num} = \mathrm{NULL}; h_\lambda]$；

②$i = 0$，$d_{i\max} = d_{\max} + 1$，输入分层数目 n；

③$d_{imin}=(n-i)h_{min}$，遍历 num 值为 NULL 的成形距离 d，如果 $d_{imin}{\leqslant}d<d_{imax}$，记录所对应的点 P 所属的分层区间号 num=i，令其分层的梯度距离为

$$h_\lambda = \frac{d}{n-\text{num}} \qquad (3-30)$$

④$i=i+1$，$d_{imax}=d_{imin}$，若 $i<n-1$，返回步骤③；

⑤记录点云中 num 值为 NULL 的点，令 num=$n-1$，$h_\lambda=d$；

⑥结束程序。

引入的梯度距离 h_λ 应该处在区间 $[h_{min},h_{max}]$ 中，这主要保证了层与层之间不会出现超出系统再制造能力的厚度。然而，根据式(3-30)计算出的 h_λ 不一定满足该条件，可通过调节 $[h_{min},h_{max}]$ 的值来保证。

对式(3-30)进行推导，可以计算出第 i 层区间的 h_λ 满足：

$$h_{min} \leqslant h_\lambda < \left(h_{min}+\frac{h_{min}}{n-i}\right) \leqslant 2h_{min}, \quad i=0,1,\cdots,n-1 \qquad (3-31)$$

可见，随着点云所属的分层区间号 i 的增加，h_λ 越界的可能越大。保证 h_λ 不越界的充分必要条件就是

$$h_{max} \geqslant 2h_{min} \qquad (3-32)$$

因此，实现梯度曲面分层时的 $[h_{min},h_{max}]$ 必须在满足该条件的前提下进行调节，这对现实的堆焊成形工艺优化具有重要的指导意义。

(3) 分层数据生成。梯度分层时，真实存在的分层曲面族不需要被确切地描述出来，而只是以各曲面上的分层数据来插值表示就足够了。分层数据将包括两部分：轮廓数据和轮廓内部数据。

对于第 i 层的分层数据，其轮廓数据直接记录为分层区间号 num$=i$ 的数据点；轮廓内部数据则可由低于切层曲面(num$<i$)的点云采用梯度距离增长得到，即

$$\forall D=\left[P(x,y,z);d;\text{num};h_\lambda\right], \quad \text{num}=0,1,\cdots,i$$

$$\begin{cases} x'=x \\ y'=y \\ z'=z+(i-\text{num})\cdot h_\lambda \end{cases} \qquad (3-33)$$

如果该方法得到的轮廓内部数据，在数量分布上满足要求，就可直接作为成形数据进行保存，省去了后续插值构建的过程，这为再制造路径生成提供了一条捷径。图3-11为应用该方法的梯度曲面分层效果。它还可以借鉴到快速成形中去，对于呈现▽形或▭形的曲面分层可以将高于切平面的点云向该层面映射，来生成轮廓内部数据。

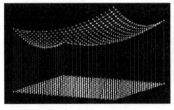 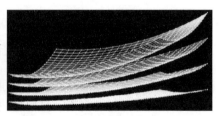

(a) 小斜度点云数据　　　　　　　　　(b) 梯度曲面分层

图 3-11　梯度曲面分层效果

3.2.3　轮廓提取

点云模型的直接分层所得到的是一系列截面数据，它们往往存在着数据量大、杂乱无序和点位偏移等缺陷，必须首先进行截面数据处理，这是再制造轮廓信息提取以及后续生成再制造加工程序的前提。

1) 截面数据精简

截面数据有时就是大面积的点云，但是与 3.1.3 节的点云精简不同，本节的研究目的是提取轮廓信息。因此，引入图像处理中的骨骼化技术来精简数据。通过骨骼化可以对图像的形状特征进行识别，用于截面数据的精简恰好可以提取出轮廓信息。

本书引入二值图像的骨骼化技术，首先把截面数据依据式(3-17)映射成二值图像。骨骼化技术精简数据的关键就是删除某些值为 1 的网格中的点，这里借助 Jang 和 Chin[8]提出的 28 模板算法来判断，28 模板算法定义了 28 种情况下网格值为 1 的点可以被删除，其基本思想是从上到下、从左到右搜索二值图像中网格值为 1 的网格，计算该网格的 8 邻域(图 3-12)位图 S，即

$$S = \sum_{i=0}^{7} 2^i X_i \tag{3-34}$$

如果所得的 S 为 28 种值(224，56，14，131，193，112，28，7，97，67，206，88，52，22，13，133，227，248，62，143，195，240，60，135，225，120，30，15)[9]中的任意一种，该网格即可被删除。反复执行该过程，直至再没有可以被删除的网格，则最终保留下来的网格中的点即为轮廓特征点。

由于在删除点时并没有考虑到整体的形状精度，而且网格大小的选取不合适也可能导致某些重要轮廓数据丢失，还需要在精度范围内再增补一些特征点。

增补特征点的原理如图 3-13 所示，假设用户给定的误差范围是 $\pm\delta$，P_d 为非特征点，P_i 是轮廓特征点中与它距离最近的点，P_i 前后两个特征点分别是 P_{i-1} 和 P_{i+1}，P_d 与线段 $P_{i-1}P_i$ 间的欧氏距离为 L_1，P_d 与 P_iP_{i+1} 间的欧氏距离为 L_2，如果 L_1 和 L_2 中的较大者大于 δ，则把它认定为特征点，否则，就放弃该点。

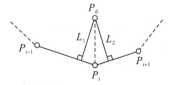

X_3	X_2	X_1
X_4	X	X_0
X_5	X_6	X_7

　　图 3-12　网格的 8 邻域分布图　　　　　　　图 3-13　特征点的增补原理图

图 3-14 是上述算法的应用实例，图 3-14(a)为初始截面数据，点的数目是 758，网格宽度取 2mm，二值图像的映射如图 3-14(b)所示，图 3-14(c)为骨骼化算法处理后的二值图像，获得的轮廓特征点为 76 个，然后应用增补新特征点算法，最终得到的轮廓特征点为 108 个，如图 3-14(d)所示。可以看出，该方法能够有效提取截面轮廓数据，精简结果比较理想。

  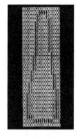 

(a) 初始截面数据　　(b) 二值图像映射　　(c) 骨骼化算法处理　　(d) 精简结果

图 3-14　骨骼化算法的应用图

2) 轮廓数据排序

采用各种分层算法所得到的轮廓数据是无序的，在轮廓提取的过程中，首先要对其进行排序，形成一条有序轮廓，才能进行下一步处理。关于轮廓数据排序的方法有很多，本节主要体现了距离排序和边缘跟踪排序。

(1) 距离排序。其原理非常简单，选取轮廓数据中任意一点作为起始点，然后寻找与该点距离最近的点作为第二个点，以此类推，直到所找的最近点为第一个点[10]。

在具体的处理过程中，可能出现轮廓线的反向排序错误。如图 3-15 (a) 所示，设 P_0 为选取的起始点，距离 P_0 最近的点 P_1 即为第二个点。由于数据缺陷导致反向点 P_{v2} 成为距离 P_1 最近的点，理想情况下应该是 P_2 为最近点。因此，排序时可引入转角测试的方法进行调整，即判断轮廓前进方向上连续三点的夹角是否满足要求。

如图 3-15 (b) 所示，假如 P_0 的最近点 P_1 已经找到，当寻找 P_1 的最近点时，要对距离和夹角都进行判断，只有两者都满足要求，才能作为下一个点。对于点 P_{v2}，虽然是距离 P_1 最近的点，但是 P_1P_{v2} 和 P_0P_1 的夹角 $\beta_1 <$ angle (angle 为设定的角度范围阈值)，因此点 P_{v2} 不符合要求；继续寻找，直到找到点 P_2。P_1P_2 和 P_0P_1 的夹角 β_2 ($>$ angle) 在给定的范围内，因此该点为 P_1 的下一个点。以此类推，直到所有轮廓数据排序完毕。

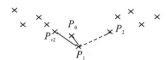 

(a) 最近距离法排序错误　　　　　　(b) 带转角测试的距离排序法

图 3-15　距离排序

对于单一轮廓环的截面，加上转角测试后能够对轮廓数据点进行正确排序，但当有多个轮廓环时，往往又会出现交叉错排的情况，如图 3-16 所示，这是由不同轮廓环之间的距离较近或者数据缺陷而引起的，为此可使用左向优先准则来解决问题。

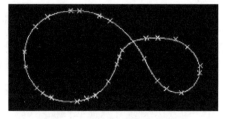

图 3-16　多轮廓环的交错排序

　　如图 3-17(a) 所示，设 P_1 为 P_0 的最近点，现在要确定 P_1 的最近点。首先找出 P_1 的邻接点集，如图中的 P_{v2} 和 P_2，通过计算每个邻接点的邻接矢量和导向矢量的点乘来判断是否存在分支，如果存在分支，选取左面分支中的最小距离点 P_1' 作为最近点，由此可以避免分支处的轮廓数据交错排序，从而能够识别出不同的轮廓环。图 3-17(b) 为应用左向优先准则后的排序数据，其中虚线对应的邻接点分支不满足要求，就排除了轮廓环交错的可能，获得了正确的有序轮廓数据。需要注意的是，左向优先准则需要建立在轮廓数据点逆时针方向排序的基础上。

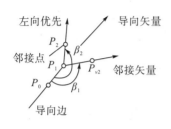
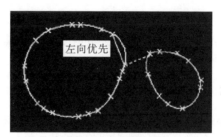

(a) 邻接点的分支测试　　　　　　　　(b) 左向优先准则的应用

图 3-17　多轮廓环的识别

　　(2) 边缘跟踪排序。边缘跟踪的目的就是沿边缘线(轮廓线)跟踪边缘点(轮廓点)，最终得到边缘点的坐标序列，因此应用边缘跟踪技术来提取大面积点云的边界轮廓是非常合适的。边缘跟踪技术也是一种图像处理技术，同样需要先把截面数据映射成二值图像。经典的 8 邻域顺时针边缘跟踪算法如下：

　　① 获得一个边界上的跟踪起始点 $S_0(i, j)$ 作为当前点。获得的方法为：从左到右、从上到下搜索 1 像素，统计该像素的 4 邻域(如图 3-12 所示 X_0、X_2、X_4、X_6 的位置)中 0 像素的个数 n_1 和 8 邻域中 1 像素的个数 n_2，如果 $n_1 \geqslant 1$ 且 $n_2 \geqslant 1$，则该像素即为所求的跟踪起始点 S_0，否则，继续搜索起始点。

　　② 确定第二个边界点 S_1 的跟踪方向。在 S_0 的 4 邻域中沿着 $X_6 \longrightarrow X_4 \longrightarrow X_2 \longrightarrow X_0$ 的方向搜索 0 像素的位置 d_s，从 d_s 出发，在 S_0 的 8 邻域中逆时针方向进行探测，搜索到的第一个 1 像素即为 S_1。表 3-1 中列出了 8 邻域的跟踪方向编码及其对应像素。

　　③ 将当前点移到 S_1，并且从 S_0 出发，在 S_1 的 8 邻域内逆时针方向进行探测，搜索到的第一个 1 像素即为第三个边界点 S_2，以此类推，直到搜索到的边界点为跟踪起始点 S_0，表明一个边界跟踪完毕。

　　④ 判断是否存在未处理的像素。如果有，循环执行步骤①、②、③；否则，跟踪完毕。

表 3-1　8 邻域的跟踪方向编码及其对应像素

方向编码	0	1	2	3	4	5	6	7
对应像素	$(i+1, j)$	$(i+1, j+1)$	$(i, j+1)$	$(i-1, j+1)$	$(i-1, j)$	$(i-1, j-1)$	$(i, j-1)$	$(i+1, j-1)$

　　图 3-18(a) 为初始截面数据，取网格宽度 0.5mm，映射得到的二值图像如图 3-18(b) 所示，利用边缘跟踪算法处理后，得到的轮廓序列如图 3-18(c) 所示。

  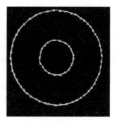

　　(a) 初始截面数据　　　　　(b) 二值图像映射　　　　　(c) 轮廓序列

图 3-18　边缘跟踪算法用于轮廓排序的效果图

从图 3-18 中可以看出,该方法对大面积点云的处理效果是比较理想的,并且实施简单。另外,不难看出,该技术还同时实现了对截面数据的精简,因此利用边缘跟踪技术进行轮廓数据处理是一个一举多得的好方法。

3) 轮廓光顺处理

将有序轮廓点依次连接,所形成的一个封闭多边形就是轮廓线,但这样是不够的,为进一步提高轮廓精度还需要进行光顺处理,才能保证构建出较好的层面轮廓。

(1) 平面轮廓光顺。

本书介绍双圆弧加直线的方法来光顺平面轮廓数据,该方法不但可以保证连接点处一阶连续,而且经过该方法处理过的轮廓还可以直接输入给机器人进行编程加工。

(a) 双圆弧的基本原理[11]。已知两点 k_1、k_2 及其切矢 T_1、T_2,如图 3-19 所示,则双圆弧就是满足下列条件的两段圆弧曲线 (C_1、C_2):

①C_i 经过点 k_i 并与点 k_i 处的切矢 T_i 相切。

②C_1、C_2 两段圆弧在其连接点 k 处相切。

由以上定义可知,相邻的两双圆弧在连接点 k 处共切矢,因此该连接点必是　阶连续的。

双圆弧的类型有 C 型、S 型、Fillet 型和双 S 型,如图 3-20 所示。类型判断主要取决于两端点 k_1、k_2 处的切矢方向(图 3-19 中的 θ_1 和 θ_2)。若从矢量 k_1k_2 到切矢 T_i 的方向为逆时针,则 θ_i 为正角,否则为负角,图 3-19 中 θ_1 为正角而 θ_2 为负角。若两角均为 0,则拟合为一直线;若两角符号相反,则为 C 型;若两角符号相同,则为 S 型;特别地,若其中一段圆弧的半径趋于无穷大,则为 Fillet 型;双 S 型则是两个 S 型的组合。

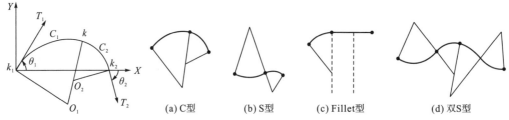

　图 3-19　双圆弧的定义　　　　　　　　　图 3-20　双圆弧的几种类型

为了进行双圆弧拟合的计算,需建立一个基于两个已知端点 k_1、k_2 的局部坐标系,如图 3-21 所示。矢量 k_1k_2 构成 X 轴,根据右手法则,垂直 X 轴的另一矢量形成 Y 轴。如前所述,θ_1 和 ψ_1 为正角,而 θ_2 和 ψ_2 为负角。图中所示的双圆弧由两段简单圆弧 C_1、C_2 组成,它们的连接点为 k。

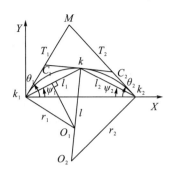

图 3-21　双圆弧的拟合计算示意图

由图 3-21 可得 C_1 的半径 r_1 为

$$r_1 = \frac{l_1}{2\sin(\theta_1 - \psi_1)} = \frac{-\sin\psi_2 \cdot l}{2\sin(\theta_1 - \psi_1)\sin(\psi_1 - \psi_2)} \tag{3-35}$$

同理，可得 C_2 的半径 r_2 为

$$r_2 = \frac{l_2}{2\sin(\psi_2 - \theta_2)} = \frac{-\sin\psi_1 \cdot l}{2\sin(\theta_2 - \psi_2)\sin(\psi_1 - \psi_2)} \tag{3-36}$$

关于连接点 k 的位置的确定，本书采用使双圆弧段曲率之差绝对值为最小的原则。曲率之差绝对值的最小值为

$$\text{Min}\left|\frac{1}{r_1} - \frac{1}{r_2}\right| = \text{Min}\left|\frac{-2\sin(\theta_1 - \psi_1)\sin(\psi_1 - \psi_2)}{\sin\psi_2 \cdot l} + \frac{2\sin(\theta_2 - \psi_2)\sin(\psi_1 - \psi_2)}{\sin\psi_1 \cdot l}\right| \tag{3-37}$$

解此方程可得到使双圆弧局部光滑度最好的 ψ_1、ψ_2，即

$$\psi_1 = -\psi_2 = \frac{\theta_1 - \theta_2}{4} \tag{3-38}$$

把式 (3-38) 的结果代入式 (3-35) 和式 (3-36)，可得

$$r_1 = \frac{l}{4\sin\left(\dfrac{3\theta_1 + \theta_2}{4}\right)\cos\left(\dfrac{\theta_1 - \theta_2}{4}\right)} \tag{3-39}$$

$$r_2 = \frac{l}{4\sin\left(\dfrac{\theta_1 + 3\theta_2}{4}\right)\cos\left(\dfrac{\theta_1 - \theta_2}{4}\right)} \tag{3-40}$$

进一步计算可得，连接点 k 的坐标以及两段圆弧的圆心 O_1、O_2 的坐标为

$$k(x, y) = \begin{bmatrix} l_1\cos\psi_1 \\ l_1\sin\psi_1 \end{bmatrix} = \begin{bmatrix} \dfrac{1}{2}l \\ \dfrac{1}{2}l\tan\left(\dfrac{\theta_1 - \theta_2}{4}\right) \end{bmatrix} \tag{3-41}$$

$$O_1(x_1, y_1) = \begin{bmatrix} r_1\sin\theta_1 \\ -r_1\cos\theta_1 \end{bmatrix} = \begin{bmatrix} \dfrac{l\sin\theta_1}{4\sin\left(\dfrac{3\theta_1 + \theta_2}{4}\right)\cos\left(\dfrac{\theta_1 - \theta_2}{4}\right)} \\ \dfrac{-l\cos\theta_1}{4\sin\left(\dfrac{3\theta_1 + \theta_2}{4}\right)\cos\left(\dfrac{\theta_1 - \theta_2}{4}\right)} \end{bmatrix} \tag{3-42}$$

$$O_2(x_2, y_2) = \begin{bmatrix} l + r_2 \sin\theta_2 \\ -r_2 \cos\theta_2 \end{bmatrix} = \begin{bmatrix} l \cdot \left(1 - \dfrac{\sin\theta_2}{4\sin\left(\dfrac{\theta_1 + 3\theta_2}{4}\right)\cos\left(\dfrac{\theta_1 - \theta_2}{4}\right)} \right) \\ \dfrac{l\cos\theta_2}{4\sin\left(\dfrac{\theta_1 + 3\theta_2}{4}\right)\cos\left(\dfrac{\theta_1 - \theta_2}{4}\right)} \end{bmatrix} \tag{3-43}$$

得到了两段圆弧的半径、圆心以及连接点处的坐标，则任意两点间的双圆弧连接就可以被明确地确定出来。

(b) 双圆弧的拟合算法。每条双圆弧需要四个已知条件和一个类型判断才能确定。在进行切层轮廓数据的拟合时，判据和各结点坐标是已知的，需要首先通过轮廓数据插补获得各结点处的切矢。

已知三个连续的边界点 P_{i-1}、P_i、P_{i+1}，则 P_i 点处的切矢 T_i 可近似计算为

$$T_i = (P_i - P_{i-1})\frac{|P_{i+1} - P_i|}{|P_i - P_{i-1}|} + (P_{i+1} - P_i)\frac{|P_i - P_{i-1}|}{|P_{i+1} - P_i|} \tag{3-44}$$

求得各点的切矢后，就可以求 θ_i 了，用来判断类型。必须注意的是，点 P_i 处的 θ_i 并不是一成不变的，而是与局部坐标系紧密相关。若以 P_i、P_j 为两端点（即 $P_i = k_1$，$P_j = k_2$），那么 θ_i 是在由 P_i、P_j 确定的局部坐标系中定义的（图 3-22），是指 P_i 点处的切矢 T_i 与 X 轴正半轴 k_1k_2 的夹角，具体计算中 θ_i 的大小可以由矢量点乘求得，即

$$\theta_i = \arccos\left(\frac{T_i \cdot k_1k_1}{|T_i| \times |k_1k_1|}\right) \tag{3-45}$$

其符号可通过计算下面的行列式值判定：

$$\det A = \begin{vmatrix} T_x & T_y \\ K_x & K_y \end{vmatrix} = T_x K_y - T_y K_x \tag{3-46}$$

式中，T_x、T_y 分别为矢量 T_i 的 x、y 分量；K_x、K_y 分别为矢量 k_1k_2 的 x、y 分量。

若该行列式的值大于 0，则 $\theta_i > 0$；若行列式的值等于 0，则 $\theta_i = 0$；若行列式的值小于 0，则 $\theta_i < 0$。依据两个端点处的 θ_i 值的关系就能判定出双圆弧的类型，并进一步由式 (3-39)～式 (3-44) 确定出来两端点间的双圆弧曲线。

下面结合图 3-22 介绍以多段双圆弧拟合出整个平面轮廓的过程。

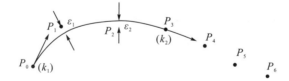

图 3-22　轮廓数据的双圆弧拟合算法

算法如下：

① $i=0$；

② $j=i+1$，判断 j 是否越限，是则转至步骤①；

③ $j=i+2$，判断 j 是否越限，是则记录点集 $S_i = \{P_i, P_{i+1}\}$ 为直线段，并转至步骤①；

④ $k_1 = P_i$、$k_2 = P_j$，计算出点 P_i 处的 θ_i 和点 P_j 处的 θ_j；

⑤若 $\theta_i = \theta_j = 0$，则记录点集 $S_i = \{P_i, P_{i+1}, P_j\}$ 为直线段，$i=i+2$，转至步骤②；

⑥以 P_i、P_j 为端点进行双圆弧拟合，计算 P_{i+1} 点相对该双圆弧曲线的误差 ε_{i+1}；

⑦若 $\varepsilon_{i+1} > \tau$（τ 为允许误差），则记录点集 $S_i = \{P_i, P_{i+1}\}$ 为直线段，令 $i = j-1$，转至步骤②；

⑧若 $\varepsilon_{i+1} \leqslant \tau$，则 $j = j+1$，并判断 j 是否越限，是则记录点集 $S_i = \{P_i, P_{i+1}, \cdots, P_{j-1}\}$ 为双圆弧点集，转至步骤①；

⑨以 P_i、P_j 为端点进行双圆弧拟合，计算 P_{i+1}，P_{i+2}，$\cdots$，P_{j-1} 各点的误差 ε_{i+1}，ε_{i+2}，$\cdots$，ε_{j-1} 并取最大拟合误差 $\varepsilon_{\max} = \max\{\varepsilon_{i+1}, \varepsilon_{i+2}, \cdots, \varepsilon_{j-1}\}$；

⑩若 $\varepsilon_{\max} \leqslant \tau$，则 $j=j+1$，并判断 j 是否越限，是则记录点集 $S_i = \{P_i, P_{i+1}, \cdots, P_{j-1}\}$ 为双圆弧点集，转至步骤①，否则转至步骤⑨；

⑪若 $\varepsilon_{\max} > \tau$，则记录点集 $S_i = \{P_i, P_{i+1}, \cdots, P_{j-1}\}$ 为双圆弧点集，令 $i = j-1$，转至步骤②；

⑫结束。

在上述算法中有一个关键问题，就是如何计算拟合误差。在拟合过程中，双圆弧段与原轮廓数据点之间的最大误差应控制在允许的范围内。如图 3-23 所示，设轮廓线上某部分的连续点集 $S_i = \{P_i, P_{i+1}, \cdots, P_{i+n}\}$，其拟合的双圆弧段为 C_1、C_2，其中 $k_1 = P_i$，$k_2 = P_{i+n}$。

点集 S 中任意一点 P_j 处的拟合误差 ε_j 为

$$\varepsilon_j = \begin{cases} \left\| \left\| \overline{P_j O_1} \right\| - |r_1| \right\|, & \alpha_j \leqslant \alpha_0 \\ \left\| \left| \overline{P_j O_2} \right| - |r_2| \right\|, & \alpha_j > \alpha_0 \end{cases} \tag{3-47}$$

其中，

$$\alpha_0 = 2(\theta_1 - \psi_1) = 2\left(\theta_1 - \frac{\theta_1 - \theta_2}{4}\right) = \frac{3\theta_1 + \theta_2}{2} \tag{3-48}$$

由此可得 S 的最大拟合误差为

$$\varepsilon_{\max} = \max\{\varepsilon_j \mid \forall j, i \leqslant j \leqslant i + n\} \tag{3-49}$$

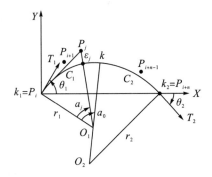

图 3-23 双圆弧拟合误差的确定

(c) 双圆弧拟合实例。应用上述算法，对米老鼠点云模型进行了处理。图 3-24 记录了各处理过程的数据图。图 3-24(a)为经过预处理的点云数据，图 3-24(b)是利用平面均匀分层得到的各层轮廓数据图，图 3-24(c)是对轮廓数据进行排序后采用双圆弧拟合得到的各层轮廓环，图 3-24(d)单独提取了某一分层面上的轮廓数据点，图 3-24(e)为双圆弧处理后得到的由 38 段圆弧所组成的轮廓环。表 3-2 记录了双圆弧的中心坐标及半径信息。

(a) 点云模型数据　　　　(b) 平面分层轮廓　　　　(c) 双圆弧拟合效果

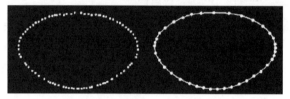

(d) 某分层的轮廓数据点　　　(e) 双圆弧拟合的轮廓环

图 3-24　平面轮廓的双圆弧拟合实例

表 3-2　双圆弧拟合的记录结果　　　　　　　　(单位：mm)

序号	圆弧中心坐标	圆弧半径	序号	圆弧中心坐标	圆弧半径
1	(34.350, 20.886)	5.676	20	(43.790, 20.833)	2.736
2	(32.813, 19.976)	4.811	21	(43.725, 20.393)	2.915
3	(31.166, 19.396)	2.906	22	(43.563, 20.370)	2.878
4	(30.725, 20.410)	2.422	23	(43.022, 20.356)	3.254
5	(30.771, 20.370)	2.543	24	(42.110, 20.573)	4.367
6	(31.563, 20.019)	3.136	25	(38.757, 24.161)	9.703
7	(34.236, 17.401)	6.901	26	(37.221, 26.644)	11.440
8	(35.635, 15.653)	9.178	27	(35.360, 29.754)	15.522
9	(36.268, 14.506)	10.484	28	(36.074, 28.303)	14.305
10	(35.369, 16.158)	8.685	29	(37.423, 24.794)	10.769
11	(36.065, 14.223)	10.664	30	(37.637, 23.961)	9.425
12	(37.507, 3.624)	29.034	31	(37.655, 23.829)	9.524
13	(37.435, 4.039)	21.115	32	(37.643, 24.346)	9.672
14	(38.308, 13.323)	11.618	33	(37.725, 25.365)	10.787
15	(38.507, 14.038)	10.214	34	(37.828, 25.940)	11.453
16	(38.746, 14.325)	10.840	35	(38.170, 27.161)	12.594
17	(41.619, 19.016)	5.133	36	(38.311, 27.536)	13.340
18	(42.734, 19.760)	3.664	37	(37.247, 25.492)	10.653
19	(43.447, 20.115)	2.816	38	(36.250, 24.089)	9.035

（2）曲面轮廓光顺。

本书对曲面轮廓的光顺处理采用三次 B 样条曲线的逼近表达方法[12,13]，该方法不仅能重点保证曲线的空间连续性：B 样条曲线是分段曲线，每一段内部无限次可微，在曲线段的端点处为 $k-r$ 次可微（k 为样条曲线次数，r 为端点的重复度）；而且，B 样条曲线还具有局部性、几何不变性、变差减缩性以及造型灵活性等优点。

k 次 B 样条曲线的表达式为

$$p(u) = \sum_{j=0}^{n} d_j N_{j,k}(u) \tag{3-50}$$

式中，$d_j(j=0,1,\cdots,n)$ 为控制点；$N_{j,k}(u)$ 为 k 次规范 B 样条基函数，它是由一个称为节点矢量的非递减的参数 u 的序列 $U(u_0 \leqslant u_1 \leqslant \cdots \leqslant u_{n+k+1})$ 所决定的 k 次分段多项式，也就是 k 次多项式样条。可按照递推公式定义为

$$\begin{cases} N_{j,0}(u) = \begin{cases} 1, & u_j \leqslant u \leqslant u_{j+1} \\ 0, & \text{其他} \end{cases} \\ N_{j,k}(u) = \dfrac{(u-u_j)N_{j,k-1}(u)}{u_{j+k}-u_j} + \dfrac{(u_{j+k+1}-u)N_{j+1,k-1}(u)}{u_{j+k+1}-u_{j+1}} \\ \text{规定} \dfrac{0}{0} = 0 \end{cases} \tag{3-51}$$

在本书的应用中，已知分层面上的有序轮廓点 $P_i(i=0,1,\cdots,m)$，需求出一条 B 样条曲线经过 P_i（此时 P_i 称为型值点）。由于通常情况下 B 样条的分段函数不超过三次，下面进行三次 B 样条曲线逼近。首先，假设待构建的三次 B 样条曲线为

$$p(u) = \sum_{j=0}^{n} d_j N_{j,3}(u) \tag{3-52}$$

该曲线与型值点之间的误差值应满足最小，误差可用如下方程表示：

$$E = \sum_{i=0}^{m} \left(\sum_{j=0}^{n} d_j N_{j,3}(t_i) - p_i \right)^2 \tag{3-53}$$

由式（3-53）可见，需要找出控制点 d_j 以及型值点 P_i 所对应的节点参数 t_i，使目标函数 E 达到最小。

为了便于计算，将 B 样条曲线的节点矢量 U 按照准均匀分布，即

$$\begin{cases} u_0 = u_1 = u_2 = u_3 = 0 \\ u_{j+3} = \dfrac{1}{n-2}j, \ j=1,2,\cdots,n-2 \\ u_{n+1} = u_{n+2} = u_{n+3} = u_{n+4} = 1 \end{cases} \tag{3-54}$$

节点参数 t_i 一般采用累积弦长法来构造，设 $\Delta P_i = P_{i+1} - P_i$ 为向前的差分矢量，则

$$\begin{cases} t_0 = 0 \\ t_i = t_{i+1} + |\Delta P_{i-1}|, \ i=1,2,\cdots,m \end{cases} \tag{3-55}$$

然后，对 t_i 进行规范化处理，可作为优化的初始值，即

$$t_i \Leftarrow t_i / t_m, \ i=0,1,\cdots,m \tag{3-56}$$

将 d_j 作为设计变量，对目标函数 E 求偏导，得

$$\frac{\partial E}{\partial d_j} = 0, \ j = 0,1,\cdots,n \tag{3-57}$$

将其展开，得

$$\sum_{i=0}^{m}\left[2\left(N_{j,3}(t_i)\right)\left(\sum_{j=0}^{n} d_j N_{j,3}(t_i) - P_i\right)\right] = 0 \tag{3-58}$$

通过式(3-58)，可以利用迭代的方法求解得到目标函数的最小值及其对应的最优点 d_j。同时，为了提高逼近的精度，可以通过调整节点参数 t_i 来减少每一步迭代的误差，这是单变量的优化问题，即

$$\begin{cases} \min f\left(t_i\right) = \min E \\ u_3 - t_i \leqslant 0 \\ t_i - u_{n+1} \leqslant 0 \end{cases} \tag{3-59}$$

利用优化方法中的惩罚函数法就可以解出使目标函数值最小的最优点列 t_i。由于目标函数对参数 t_i 的偏导数可以通过矩阵形式方便求出，这里采用收敛速度较快的变尺度法作为无约束优化方法。将对参数 t_i 的优化加入每一步迭代求解的过程中去，这样可以大大提高整体逼近的精度。其具体算法如下：

①读入型值点 $P_i(i = 0,1,\cdots,m)$，设定逼近精度 ε，选择控制点个数 n，要求 $n \geqslant 3$；

②根据式(3-54)构造节点矢量 $U = [u_0,u_1,\cdots,u_{n+4}]$；

③采用累积弦长法并规范化处理后，构造节点参数 $t_i(i = 0,1,\cdots,m)$；

④利用最小二乘法求解式(3-58)，得到控制点 $d_j(j = 0,1,\cdots,n)$；

⑤利用式(3-53)计算逼近误差 E，若 $E < \varepsilon$，转至步骤⑦；

⑥利用惩罚函数法优化式(3-59)，得到修正参数 $t_i(i = 0,1,\cdots,m)$，转至步骤④；

⑦输出结果 $d_j(j = 0,1,\cdots,n)$ 和 $t_i(i = 0,1,\cdots,m)$；

⑧结束程序。

当迭代计算得到的逼近误差 E 无法收敛到给定的精度 ε 之内时，为了防止无限迭代下去，引入以下迭代终止条件：

①最大迭代次数 $K_{\max}$，当迭代次数大于 $K_{\max}$ 时，终止迭代；

②最小收敛程度 $V_{\min}$，每次迭代的收敛程度 $V = (e_{i-1} - e_i)/e_{i-1}$，如果 $V < V_{\min}$，认为迭代下去对逼近误差 E 没有明显改善，终止迭代。

$K_{\max}$ 和 $V_{\min}$ 的选取应根据经验视实际情况而定。

通过 B 样条曲线逼近的方法对图 3-25(a)中的轮廓点进行轮廓曲线拟合，原始数据点数为 128 个，设定逼近精度为 0.1mm 以及控制点数为 20 个，经过迭代处理反算出的三次 B 样条曲线的控制点，如图 3-25(b)所示。

需要注意的是，本节中的轮廓线不是封闭的。对于封闭的轮廓线，可对型值点略作改动，使其首尾点相同。如果取首尾的一个点相同，则保证封闭曲线一阶连续。因此，本书

一般取点列的首尾两个点重合，即在轮廓点列的结尾再加上开头的前两个数据点，以保证封闭曲线二阶连续。

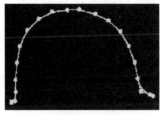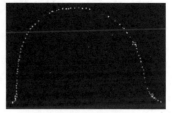

(a) 原始轮廓数据　　　　　　　　　(b) B样条曲线及控制点

图 3-25　B 样条曲线逼近在轮廓光顺中的应用

参 考 文 献

[1] 李斌, 吴松, 王成焘. 基于 ICP 算法的医学图像几何配准技术[J]. 计算机工程, 2003, 29(14): 151-153.

[2] 李嘉, 胡军, 胡怀中, 等. 基于 SVD-ICP 方向加速的机器人触觉与视觉图像配准算法[J]. 微电子学与计算机, 2003, 20(9): 1-3.

[3] 罗先波, 钟约先, 李仁举, 等. 基于标志点的多视角三维测量数据配准技术的研究[J]. 计量技术, 2004, (5): 20-22.

[4] 张二虎, 卞正中, 张燕, 等. 基于 ICP 和 SVD 的视网膜图像特征点配准算法[J]. 小型微型计算机系统, 2004, 25(10): 1811-1813.

[5] Philip J S, David H E. 计算机图形学几何工具算法详解[M]. 周长发, 译. 北京: 电子工业出版社, 2005.

[6] 周克省, 赵新闻, 胡照文. 大学物理实验教程[M]. 长沙: 中南大学出版社, 2001.

[7] 翟瑞彩, 谢伟松. 数值分析[M]. 天津: 天津大学出版社, 2000.

[8] Jang B K, Chin R T. Reconstructable parallel thinning[J]. International Journal of Pattern Recognition and Artificial Intelligence, 1993, 7(5): 1145-1181.

[9] Liu G H, Wong Y S, Zhang Y F, et al. Error-based segmentation of cloud data for direct rapid prototyping[J]. Computer-Aided Design, 2003, 35(7): 633-645.

[10] Vail N K, Wilke W, Bieder H, et al. Interfacing reverse engineering data to rapid prototyping[J]. Solid Freeform Fabrication Symposinm, 1996, (56): 481-490.

[11] Koc B, Ma Y W, Lee Y S. Smoothing STL files by max-fit biarc curves for rapid prototyping[J]. Rapid Prototyping Journal, 2000, 6(3): 186-205.

[12] 张丽艳, 周来水, 蔡炜斌, 等. 基于截面测量数据的 B 样条曲面重建[J]. 应用科学学报, 2002, 20(2): 173-177.

[13] 施法中. 计算机辅助几何设计与非均匀有理 B 样条[M]. 北京: 高等教育出版社, 2001.

第4章　单元建模与路径规划

增材再制造建模是把成形工艺和再制造模型分层分道的理论计算关联起来的桥梁，而再制造成形规划的主要任务是设计出合理的路径轨迹和成形姿态，并将执行部件（如机器人、变位机及成形设备）统一起来，共同完成损伤零件的修复任务。

在对再制造模型分层完毕的基础上，为了进一步规划出合理的成形模型和更加高效地完成再制造任务，本章以电弧熔覆成形为例介绍成形单元的形状模型以及控制模型。

4.1　焊道形状的分类

单焊道截面形态可分为球形、驼峰形、优弧形、劣弧形、扁平形以及高斯形等，如图 4-1 所示。

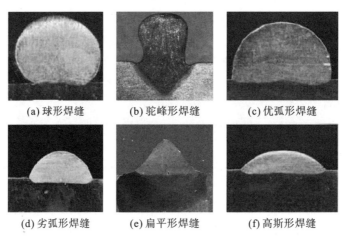

(a) 球形焊缝　　　　(b) 驼峰形焊缝　　　　(c) 优弧形焊缝

(d) 劣弧形焊缝　　　　(e) 扁平形焊缝　　　　(f) 高斯形焊缝

图 4-1　成形焊缝截面形态

基于焊接快速制造的零件完全由焊缝搭接堆积而成，对于球形、驼峰形以及优弧形焊缝，在搭接区域常常容易出现孔洞而导致零件质量下降，如图 4-2 所示。因此，与球形、驼峰形以及优弧形焊缝相比，劣弧形、扁平形以及高斯形焊缝更适合焊接快速成形。假设焊缝截面形态沿中轴线对称，根据焊缝形态函数一阶导数的特点可将焊缝划分为两类：①一阶导数呈单调递增或递减，曲线特点是焊接堆积面积大于余高、熔宽乘积的一半，定义该类型焊缝为"上凸型"函数焊缝，这类焊缝有劣弧形(圆弧)、扁平形(抛物线、正弦曲线等)焊缝等，如图 4-3、图 4-4 所示；②函数曲线不单调，也就是函数曲线存在拐点，函数特点是焊接堆积面积等于或小于余高、熔宽乘积的一半。当焊接堆积面积与余高、熔宽乘积的一半相等时，定义为"等积型"函数，如图 4-5 所示；当焊接堆积面积小于余高、熔宽乘积的一半时，定义为"下凹型"函数，这类焊缝曲线主要有高斯曲线等，如图 4-6 所示。

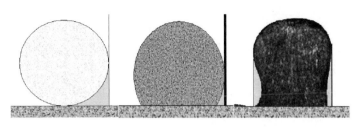

图 4-2　容易出现搭接孔洞的焊缝形态

图 4-3　"上凸型"函数(抛物线形)

图 4-4　"上凸型"函数(圆弧形)

图 4-5　"等积型"函数(概率曲线)

图 4-6　"下凹型"函数(高斯曲线)

　　单道焊缝形态特征通常采用熔宽、余高、熔深、焊缝成形系数(熔宽和熔深之比)和余高系数(熔宽和余高之比)等参数进行表征。传统焊接作为金属连接工艺而言,这些参数已经能较好地表征焊接质量,但在焊接快速制造中,焊缝形态的精确表征是提高成形精度的基础,采用熔宽、余高、熔深(图 4-7)等传统描述参数已难以满足实际需要。尽管有研究者提出了余高熔宽比、蘑菇系数、1/2 余高处的焊缝宽度、2/3 熔深处的焊缝宽度、焊缝表面下 1mm 处的焊缝宽度、熔深成形系数、熔深面积、余高面积、余高成形系数、熔覆面积、焊缝稀释率、熔深边界长度和余高边界长度等参数以期实现对焊缝形态的细迹特征进行精确表征[1],但上述研究都是针对焊缝形态的某个(或某几个)位置点或某项特征进行表征,各表征参数间相互独立,缺乏系统性。焊缝的不同形态是诸多因素相互影响、共同作用的综合结果,因此必须采用宏观、系统、全局的方法来实现焊缝形态的精确表征。

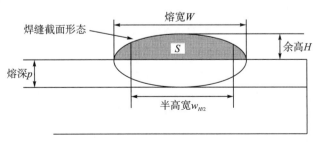

图 4-7　焊缝截面形貌

本节介绍通过三维激光扫描的方法获取焊缝截面形态特征信息，实现焊缝形态特征的数字化，并对数据进行处理，从而获得形式简洁且具有较高精度的焊缝截面形态表征形式——焊缝截面形态函数。

表 4-1 给出了几种焊缝截面形态函数模型建立方法的优劣性比较。可以看出，三维激光扫描的焊缝截面形态建模方法与传统的接触描点式焊缝截面测量方法以及基于小波变换、图像边缘检测的建模方法相比，在精度没有特殊要求的条件下，不仅速度快，而且可实现野外环境下焊缝形态的无损在线快速建模。

表 4-1   焊缝截面形态函数模型建立方法比较

方法	小波变换	图像边缘检测	三维激光扫描
焊缝试样的均匀性要求	较高	较高	相对较低
选样数目/个	1(通常)	1(通常)	数十到数百
建模精度	高，与焊缝截面选取位置有关	高，与焊缝截面选取位置有关	较高，基于数十到数百个焊缝截面的统计方法得到，与焊缝截面选取位置无关
处理速度	相对较慢	较快	快
试样破坏与否	破坏	破坏	无损
是否适合在线检测	否	否	是
野外环境适应性	不适合	不适合	适合

4.2   焊道截面模型及验证

单焊道是熔覆成形的基本单元，因此对单焊道的几何形状建模是开展研究的基础。图 4-8 是一条典型的用于再制造成形的单焊道，可见单焊道中心高两边低，外表面呈凸圆弧状，但与传统的连接焊道相比，成形焊道的外形具有更加扁平的特征，其外形可由熔宽 W、余高 H 以及外形曲线 $y = f(x)$ 完整地描述出来。

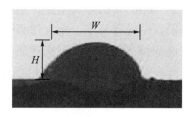

图 4-8   单焊道实际形状及其横截面图

一般情况下，熔宽 W 和余高 H 的几何数值可以用游标卡尺直接测量出来。在实际情况中，兼顾到后续外形曲线拟合的精度，可以采用如下方法：首先用三维扫描仪对焊道表面进行扫描得到点云数据，然后利用再制造建模的方法计算各表面点到成形基准面的距离并导出结果数据。图 4-9 为 MATLAB 中显示的某单焊道的熔宽 W 和余高 H。

焊接熔覆成形件全部由焊缝组成，而焊缝的特点是由于熔滴的流动使其中间高两边较低，因此成形中相邻焊缝间的路径间距是影响零件成形精度的原因之一。

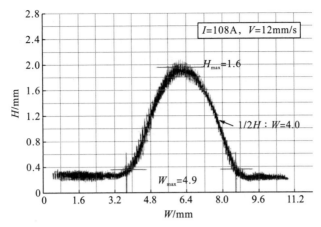

图 4-9　某单焊道熔宽 W 和余高 H 的计算结果

4.3　多焊道成形优化模型

多焊道成形时是由许多平行的单道焊缝重叠在一起的，其形状模型如图 4-10 所示。把相邻两焊道的中心距离，称为焊道平移量 L，它是影响多焊道成形精度的主要原因之一。选择合适的平移量能保证成形面近乎平整美观，如果平移量不合适，则有可能成形面较差，并由于误差累计效果影响下一步的继续成形。因此，本节建立基于焊道平移量的多焊道成形优化模型。

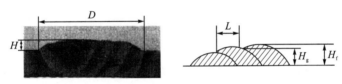

图 4-10　多焊道形状模型示意图

1) 优化原理

多焊道成形的过程如图 4-11 所示，电弧必须同时熔化区域①、②、③、④以形成一体的熔池，并把成形焊丝平稳连续地送入熔池，才能实现当前焊道与前一条焊道以及基板间的可靠熔接。该过程可以采用多种目标函数建立优化模型，而设计变量通常采用基本几何参数和特性参数。

由于焊道搭接所形成的表面并不是理想平面，而是波状曲面，主要体现为图 4-11 中由 A、B、C 三点所围成的区域。因此，优化目标采用成形表面的波状程度最小(即区域 ABC 的面积最小)；设计变量则是关联该区域面积的参数，主要是焊道平移量 L 以及焊道余高变化量 H'。

约束条件作为设计变量取值范围的一些规定，应当从各个方面予以细致周到的考虑。成形面优化时主要有以下约束条件：

(1)焊道平移量的取值约束。为了提高优化模型的计算效率，L 的取值范围可以初步限定为 $[0, W]$。

（2）单焊道形状曲线的一致性约束。当采用相同的工艺参数进行堆焊成形时，所得到的两条焊道应该具有相似的外形，其曲线参数是一致的。已知焊道外形曲线方程 $y = f(x)$，则相同工艺参数所形成的相邻焊道曲线方程可推导为 $y = f(x - L) + H'$。

（3）熔池体积约束。根据熔滴过渡的物理特性，相同工艺条件下，单位时间内熔滴过渡体积应该相同，因此认定当前成形焊道的理论模型与已成形焊道的理论模型的面积相等。反映在图 4-11 中，区域④的面积 S_4 等于区域①和区域⑤的面积之和 S_{1+5}。

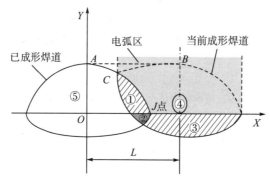

图 4-11　多焊道成形过程建模示意图

2）数学模型表示

综合目标函数、设计变量和约束条件三要素，多焊道成形的优化设计数学模型可归纳为：在满足约束条件下，寻求一组设计变量值，使得目标函数达到最优值，其数学模型可表达为

$$\min f(x)$$
$$\text{s.t. } l_b \leqslant x \leqslant u_b \tag{4-1}$$
$$\text{ceq}(x) = 0$$

式中，x、l_b 和 u_b 均为向量，且有 $x = [L, H']$，$l_b = [0, 0]$，$u_b = [W, 0]$；$f(x)$ 和 $\text{ceq}(x)$ 均为非线性函数，且有 $f(x) = S_{ABC}$，$\text{ceq}(x) = S_4 - S_{1+5}$。

3）算法实现

上述模型属于有约束非线性优化问题，可以采用序列二次规划（sequential quadratic programming，SQP）法来求解。在 MATLAB 中，此优化问题主要由 fmincon 函数来实现。以单焊道模型为例，计算得到最佳平移量 $L = 3.26\text{mm}$。应用到实际中，优化所得的多焊道的成形面明显平整美观，如图 4-12 所示，台阶效应显著减小。

(a) $L = 4.00\text{mm}$　　　　　　　(b) $L = 3.26\text{mm}$

图 4-12　多焊道成形面的优化效果图

熔化极气体保护电弧焊（gas metal arc welding，GMAW）焊接工艺的单道焊缝成形宽度为 3～6mm，当零件在二维方向同时大于 6mm 时，就需要通过多道焊缝搭接完成。在多

道焊缝搭接堆积过程中，合适的搭接量不仅能够提高多道搭接的近净成形精度，还可以改善成形堆积材料的力学性能。为了叙述方便，本书定义两个新参数：搭接系数和适宜搭接系数。搭接系数的含义为后一道焊缝中心与前一道焊缝中心的距离与焊缝熔宽的比值，用 η 来表示。适宜搭接系数的含义是理想搭接下（堆积为理想水平面）的搭接系数定义为适宜搭接系数，用 λ 来表示。因此，本书以堆积成形表面为理想水平面作为评价指标，对无约束条件和自约束条件下不同类型（"上凸型""等积型"和"下凹型"）焊缝的多道搭接进行研究和分析，并建立相应的搭接模型，如图 4-13 和图 4-14 所示。

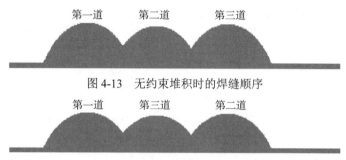

图 4-13　无约束堆积时的焊缝顺序

图 4-14　自约束堆积时的焊缝顺序

　　本书采用填充系数对搭接质量进行评判，填充系数定义为：一定搭接系数下相邻焊缝间"山谷谷底"高度位置处和基平面所形成的最大矩形填充面积与适宜搭接系数下的理想堆积面积之比，用 ρ 来表示，如图 4-15 和图 4-16 所示。O 点为某搭接系数下相邻焊缝间"山谷谷底"位置，该条件下的矩形面积为 $S_{\square ABCD}$，适宜搭接系数下，堆积焊缝为理想平面，此时理想堆积面积为 $S_{\square EFGH}$，即

$$\rho = \frac{S_{\square ABCD}}{S_{\square EFGH}} \tag{4-2}$$

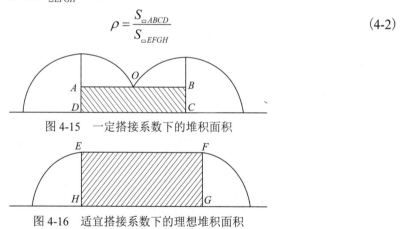

图 4-15　一定搭接系数下的堆积面积

图 4-16　适宜搭接系数下的理想堆积面积

4.4　无约束条件下搭接模型

"等面积堆积"基于以下假设：

(1)在工艺参数一定的情况下，每道焊缝的截面形态函数曲线为对称函数且保持不变；

(2)在焊接堆积成形过程中，焊缝截面形态函数曲线保持不变；

(3)搭接堆积后，单道焊缝截面形态函数曲线保持不变；

(4)成形过程中熔滴呈液态流体运动，并自动由"山峰"填补到"山谷"。

基于上述假设，分析可知，当第二道焊缝中心与第一道焊缝中心距离无限远直至距离达到焊缝熔宽时，焊缝成形结果呈"凹谷"状；随着距离的减小，焊缝间的"凹谷"面积不断减小，当"凹谷"面积与填充面积相等时，"凹谷"完全消失，成形表面为理想平面；随后随着距离继续减小，由于"凹谷"面积已小于填充面积，成形表面呈"凸峰"状。当 $\eta = \lambda$ 时，也就是说前一道焊缝与后一道焊缝之间的多余金属液滴($\triangle ECD$)恰好完全填充到它们之间的凹陷区域(曲线$\triangle ABC$)，如图 4-17 所示，使得 A-M-B 达到水平，从而搭接表面成为一理想平面。点 G 作为初始点，点 C 是焊缝搭接点，其坐标为(x_C, y_C)，于是得到：

$$S_{\triangle ECD} = S_{\triangle ECF} + S_{\triangle FCD} = 2S_{\triangle FCD} \tag{4-3}$$

$$S_{\triangle ABC} = S_{\triangle AMC} + S_{\triangle MBC} = 2S_{\triangle AMC} \tag{4-4}$$

$$S_{\triangle ABC} = S_{\triangle ECD} \tag{4-5}$$

再分别根据单道焊缝截面形态函数曲线进行积分计算，从而得到焊缝搭接量。下面分别对"上凸型""等积型""下凹型"焊缝进行分析讨论。

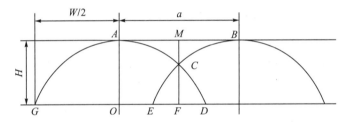

图 4-17　无约束堆积时适宜搭接系数计算示意图

4.4.1　"上凸型"搭接模型

当焊缝截面函数形态呈"上凸型"时，焊缝堆积面积大于余高、熔宽乘积的 1/2。分析可知，在无约束条件下，适宜搭接系数取值范围为$(0.5,1)$，适宜搭接后的搭接结果如图 4-18 所示。

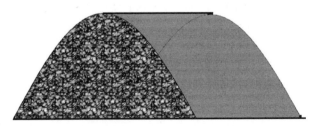

图 4-18　"上凸型"焊缝适宜搭接系数下的搭接模型

以前面焊接工艺条件下得到的焊缝截面形态模型为例说明，焊缝截面形态函数曲线为

$$y = 1.5\sin(2\pi x / 10.09 + 6.01) \tag{4-6}$$

基于"等面积堆积"理论，可以得到

$$S_{\triangle AMC} = \int_{\frac{W}{2}}^{x_c} H - a\sin(2\pi x / c)\mathrm{d}x \tag{4-7}$$

$$S_{\triangle FCD} = \int_{x_c}^{W} a\sin(2\pi x / c)\mathrm{d}x \tag{4-8}$$

$$x_c = \frac{W}{2} + \frac{ac\left[\cos\left(\dfrac{W\pi}{c}\right) - \cos\left(\dfrac{2W}{c}\pi\right)\right]}{2H\pi} \tag{4-9}$$

$$\lambda = \frac{l}{W} = \frac{2\left(x_c - \dfrac{W}{z}\right)}{W} + \frac{ac\left[\cos\left(\dfrac{W\pi}{c}\right) - \cos\left(\dfrac{2W}{c}\pi\right)\right]}{WH\pi} \tag{4-10}$$

基于焊缝截面形态模型，可知 $W = c/2 = 4.28$，$H = a = 1.40$，$c = 8.56$。

因此，适宜搭接系数可计算得出

$$\lambda = \frac{l}{W} = \frac{ac\left[\cos\left(\dfrac{W\pi}{c}\right) - \cos\left(\dfrac{2W}{c}\pi\right)\right]}{WH\pi} \approx \frac{2}{\pi} \approx 63.66\% \tag{4-11}$$

在搭接系数分别为 43.66%、53.66%、58.66%、63.66% 和 73.66% 的条件下进行试验验证，图 4-19～图 4-23 给出了实际搭接结果。可以看出，随着搭接系数的增大，搭接质量不断改善。当搭接系数为适宜搭接系数 (63.66%) 时，堆积焊缝较为平整，随后搭接质量随搭接系数的增大开始恶化。同时还可看出，在适宜搭接系数下，焊接堆积对基材的热影响小而均匀，当搭接系数大于适宜搭接系数后，由于热输入的叠加和累积，对基材产生了较大的影响。图 4-24～图 4-28 给出了不同搭接系数时填充系数的计算示意图。

图 4-19　无约束条件下搭接系数为 43.66% 时的堆积形貌

图 4-20　无约束条件下搭接系数为 53.66% 时的堆积形貌

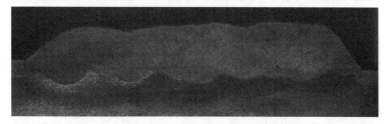

图 4-21　无约束条件下搭接系数为 58.66% 时的堆积形貌

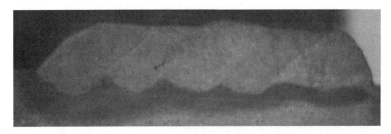

图 4-22 无约束条件下搭接系数为 63.66％时的堆积形貌

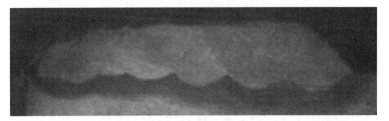

图 4-23 无约束条件下搭接系数为 73.66％时的堆积形貌

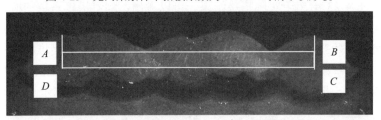

图 4-24 无约束、搭接系数为 43.66％时填充系数的计算

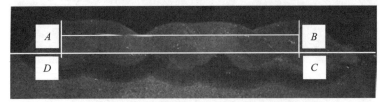

图 4-25 无约束、搭接系数为 53.66％时填充系数的计算

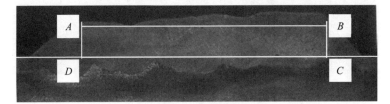

图 4-26 无约束、搭接系数为 58.66％时填充系数的计算

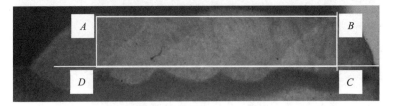

图 4-27 无约束、搭接系数为 63.66％时填充系数的计算

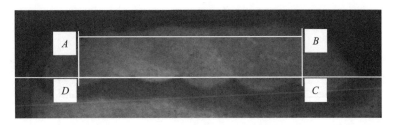

图 4-28　无约束、搭接系数为 73.66%时填充系数的计算

表 4-2 给出了无约束、不同搭接系数时的填充系数。可以看出，当搭接系数小于适宜搭接系数时，填充系数随着搭接系数的增大而增大，当搭接系数为适宜搭接系数时，填充系数达到最大(95.8%)，当搭接系数大于适宜搭接系数后，填充系数随着搭接系数的增大呈减小趋势。

表 4-2　无约束、不同搭接系数时的填充系数

搭接系数/%	43.66	53.66	58.66	63.66	73.66
最大矩形面积/10^3mm^2	0.767	0.946	1.28	1.77	1.58
填充系数/%	41.6	51.3	69.4	95.8	85.7

注：理想堆积面积为 1.845×10^3mm^2。

4.4.2　"等积型"搭接模型

在焊缝形态为"等积型"条件下，前一道焊缝堆积面积与后一道焊缝堆积面积相等，也就是说，后一道焊缝的堆积恰好填充到前一道焊缝的"凹谷"，从而使得堆积面为理想水平面，如图 4-29 所示，因此无约束条件下"等积型"焊缝的适宜搭接系数 λ 为 0.5。

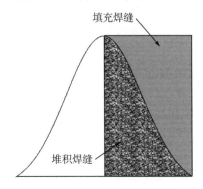

填充焊缝

堆积焊缝

图 4-29　"等积型"焊缝适宜搭接系数的计算

4.4.3　"下凹型"搭接模型

在焊缝形态为"下凹型"条件下，单道焊缝的最大填充面积小于焊缝熔宽、余高乘积的一半。也就是说，后一道焊缝用作填补"凹谷"的最大面积(该焊缝堆积面积的一半)，未能填平前一道焊缝形成的"凹谷"，如图 4-30 所示，此时"等面积堆积"假设已不成立。因此，对于"下凹型"焊缝，有关无约束条件下的焊缝搭接模型还需进一步研究。

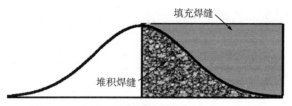

图 4-30　"下凹型"焊缝适宜搭接系数的计算

4.5　自约束条件下搭接模型

4.5.1　"等面积堆积"理论

"等面积堆积"基于以下假设：

(1)在工艺参数一定的情况下,每道焊缝的截面形态函数曲线为对称函数且保持不变；

(2)在焊接堆积成形过程中,焊缝截面形态函数曲线保持不变；

(3)焊接堆积后,单道焊缝截面形态函数曲线保持不变；

(4)自约束条件下,第一道焊缝与第二道焊缝之间的"山谷"通过第三道焊缝的自由流动进行填充。

基于上述假设,经分析可知,当第二道焊缝与第一道焊缝距离无限远时,第三道焊缝的填充面积总小于第一道焊缝和第二道焊缝所形成的"凹谷"面积,因此第一道焊缝和第二道焊缝间呈"凹谷"状；随着距离的减小,"凹谷"面积不断减小,而第三道焊缝的填充面积不变,因此"凹谷"面积与填充面积的差值不断减小,当"凹谷"面积与填充面积相等时,"凹谷"完全消失,使得成形表面呈理想平面；随后随着距离继续减小,由于"凹谷"面积已小于填充面积,成形表面呈"凸峰"状。当"凹谷"面积与填充面积相等时,得到图 4-31。

$$S_{AGID} = S_{FADE} = S_{HGJI} \tag{4-12}$$

$$S_{AED} = S_{ABCD} = S_{BGHC} = S_{GHI} \tag{4-13}$$

下面分别根据不同焊缝截面形态特征("上凸型""等积型""下凹型")来进行讨论。

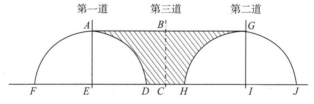

图 4-31　自约束堆积时适宜搭接系数的计算

4.5.2　"上凸型"搭接模型

图 4-32 给出了"上凸型"函数搭接时适宜搭接系数的计算示意图。由于焊缝截面形态为"上凸型",第一道焊缝和第二道焊缝之间必定存在一定的距离。假设第一道焊缝中心线与第二道焊缝中心线之间的距离为 l,相邻焊缝间的距离为 $2a$。在适宜搭接系数下,由于第三道焊缝的堆积,$AMBGD$ 成为一理想水平面。假设函数截面曲线为 $f(x)$,则有

$$4S_{AOE} = 4\int_0^{W/2} f(x)\mathrm{d}x = 4\int_0^{W/2} a\sin(2\pi x/c + b)\mathrm{d}x = lH \tag{4-14}$$

由于函数 $f(x)$ 已知，半熔宽、余高均已知，则可根据式(4-14)计算出 a 的值，从而适宜搭接系数的计算为

$$\lambda = \frac{l}{W} \tag{4-15}$$

式中，l 为相邻焊缝中心线的距离；W 为焊缝熔宽。

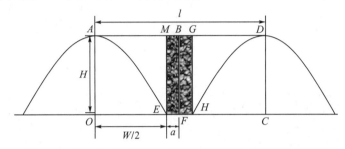

图 4-32 自约束"上凸型"焊缝堆积时适宜搭接系数的计算

以前面焊接工艺条件下得到的焊缝截面形态模型为例，可知焊缝截面形态函数曲线为 $y = 1.4\sin(2\pi x/8.56)$，适宜搭接系数为 127.32%，即相邻焊缝中心线距离为熔宽的 1.2732 倍。在搭接系数分别为 107.32%、117.32%、127.32%、137.32% 和 147.32% 条件下进行了试验验证，图 4-33～图 4-37 给出了实际搭接结果。可以看出，随着搭接系数的增大，搭接质量不断改善，当搭接系数为适宜搭接系数(127.32%)时，堆积焊缝较为平整，随后搭接质量随搭接系数的增大而恶化。图 4-38～图 4-42 给出了不同搭接系数时填充系数的计算示意图。表 4-3 给出了自约束、不同搭接系数时的填充系数。可以看出，当搭接系数小于适宜搭接系数时，填充系数随着搭接系数的增大而增大，当搭接系数为适宜搭接系数时，填充系数达到最大(87.4%)，搭接系数大于适宜搭接系数后，填充系数随着搭接系数的增大呈减小趋势。该条件下适宜搭接系数大于 1。

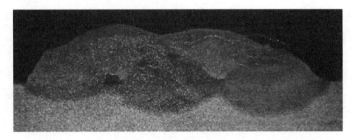

图 4-33 自约束条件下搭接系数为 107.32% 时的堆积形貌

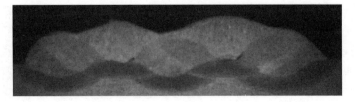

图 4-34 自约束条件下搭接系数为 117.32% 时的堆积形貌

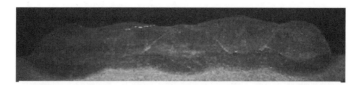

图 4-35 自约束条件下搭接系数为 127.32% 时的堆积形貌

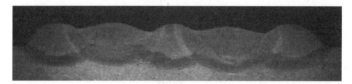

图 4-36 自约束条件下搭接系数为 137.32% 时的堆积形貌

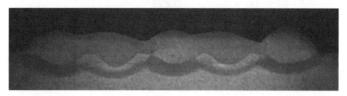

图 4-37 自约束条件下搭接系数为 147.32% 时的堆积形貌

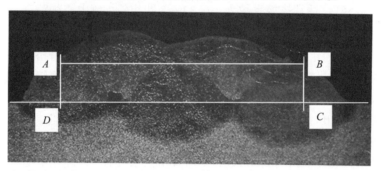

图 4-38 自约束、搭接系数为 107.32% 时填充系数的计算

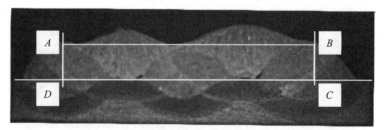

图 4-39 自约束、搭接系数为 117.32% 时填充系数的计算

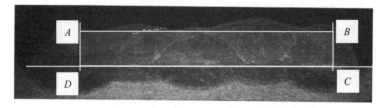

图 4-40 自约束、搭接系数为 127.32% 时填充系数的计算

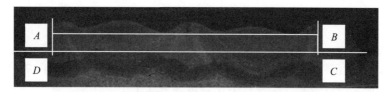

图 4-41　自约束、搭接系数为 137.32% 时填充系数的计算

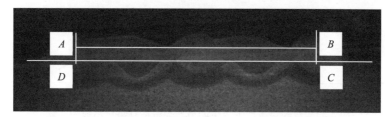

图 4-42　自约束、搭接系数为 147.32% 时填充系数的计算

表 4-3　自约束、不同搭接系数堆积条件下的填充系数

搭接系数/%	107.32	117.32	127.32	137.32	147.32
最大矩形面积/10^3mm^2	0.786	1.055	1.612	1.472	1.285
填充系数/%	42.6	57.2	87.4	79.8	69.7

注：理想堆积面积为 $1.845 \times 10^3\text{mm}^2$。

4.5.3　"等积型"搭接模型

在焊缝形态为"等积型"条件下，前一道焊缝堆积面积与后一道焊缝堆积面积相等，也就是说，第一道焊缝和第二道焊缝边缘接触时形成的"凹谷"与单道焊缝堆积面积恰好相等，如图 4-43 所示。因此，自约束条件下"等积型"焊缝的适宜搭接系数 λ 为 1。

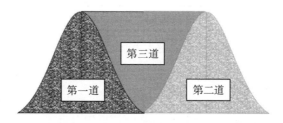

图 4-43　自约束"等积型"焊缝堆积时适宜搭接系数的计算

4.5.4　"下凹型"搭接模型

图 4-44 给出了"下凹型"函数搭接时适宜搭接系数的计算示意图。由于焊缝截面形态为"下凹型"，第一道焊缝和第二道焊缝之间必定存在部分重合。假设第一道焊缝中心线与第二道焊缝中心线之间的距离为 1。在适宜搭接系数下，由于第三道焊缝的堆积，AMB 成为一理想水平面。假设截面函数曲线为 $f(x)$，得

$$S_{AOD} + S_{BFE} + S_{AMC} + S_{BMC} = lH \tag{4-16}$$

由于 $S_{AOD} = S_{BFE} = S_{ACB}/2$，得

$$4S_{AOD} = 4S_{BFE} = 4\int_0^{W/2} f(x)\mathrm{d}x = lH \tag{4-17}$$

式中，W 为焊缝熔宽；H 为焊缝余高。

由于 $f(x)$ 函数已知，焊缝熔宽、焊缝余高均已知，则可根据式(4-17)计算出 l 的值，从而可计算出适宜搭接系数，该条件下适宜搭接系数小于1。

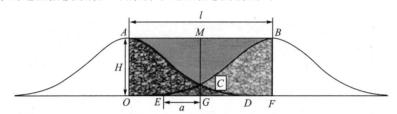

图 4-44 自约束条件下"下凹型"焊缝适宜搭接系数的计算

4.6 成形路径规划

综合考虑再制造轮廓数据信息及优化的焊道成形工艺之间的联系，在焊接作业空间中寻找出最优的机器人焊接运动轨迹及相应的焊接姿态，这就是机器人成形路径规划，如图 4-45 所示。合理的路径规划不仅能够改善成形设备的工作状态，而且对成形质量和成形效率都具有重要意义。

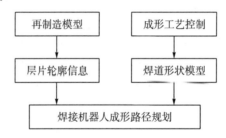

图 4-45 焊接机器人成形路径规划示意图

4.6.1 逐行往复成形路径

确定成形路径的轨迹，是指对再制造轮廓内部采用各种不同的填充策略，生成轮廓填充线的过程。最简单的方法就是逐行往复成形的策略。

如图 4-46 所示，逐行往复成形策略的步骤如下：

首先选定填充线间隔为优化的焊道平移量 L(对应焊道熔宽 W)，对奇数层和偶数层交叉运用横向求解和纵向求解。

对于奇数层，求出轮廓数据序列中 Y 坐标值最小的点(y_{min})，则初始填充线的方程设定为 $Y=y_{min}+W/2$，通过向两边分别追踪，可得到 P_1、P_2 点相关的轮廓段，记为左近-左远和右近-右远，然后根据直线与拟合轮廓的相交算法求出 P_1、P_2 点的 X 坐标值，添加到填充线序列 P_1P_2 中。

(1)变换第 $n(n>1)$ 条填充线的方程为 $Y=y_{min}+W/2+(n-1)L$，重复执行上述过程，得到

填充线 $P_{2n-1}P_{2n}$，直至 $Y=y_{\max}$；

(2)然后按照上述方法变换 Y 坐标为 X 坐标，求出下一层(即偶数层)的纵向填充线；

(3)循环依次求出所有填充线。

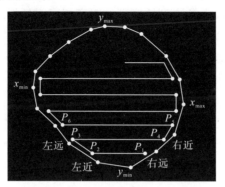

图 4-46　逐行往复成形策略示意图

4.6.2　轮廓收缩成形路径

另外一种常见的成形路径方法是轮廓收缩的方式，它具有焊接轨迹连续、空行程小、方向一致的特点及适用于复杂区域成形的优势。采用收缩策略的关键是求得首尾相连无交叉重叠的轮廓偏置线。本书实现了采用 Voronoi 图来生成收缩方式的成形轨迹。

基于 Voronoi 图生成路径轨迹的过程主要有以下几步：

(1)构造 Voronoi 图。基于分层的封闭轮廓构造 Voronoi 图是生成成形轨迹的基础。Voronoi 图是由各个边界元素之间的平分线构成的，即需要求取到两个相邻边界元素的距离相等点的轨迹。如图 4-47(a)所示，实线为轮廓环，虚线为 Voronoi 边。

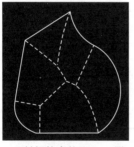 

(a)封闭轮廓的Voronoi图　　　　　　(b)封闭轮廓的偏置环

图 4-47　Voronoi 图的偏置线

在第 3 章中研究了轮廓线的双圆弧拟合，因此此处 Voronoi 图的边界轮廓段的形式有线段、圆弧段和优顶点三种，其中优顶点可以看成半径为 0 的圆弧。Voronoi 图是到两个及以上轮廓元素等距点的轨迹，根据元素的类型可以确定平分线的类型：直线与直线的平分线是直线；直线与圆弧的平分线是抛物线或者直线；圆弧与圆弧的平分线可能是双曲线、抛物线、椭圆、直线、圆的一种。表 4-4 给出了不同轮廓元素的平分线计算方法。

(2)生成偏置环。从 Voronoi 图的内点开始，定义初始偏置距离 $t=t_{\max}-W/2$，查找共享同一个边界轮廓的两个平分线，将偏置距离 t 代入平分线方程，用曲线(直线或者圆弧)连接两点，并记录得到的偏置线。迭代上述过程，将生成一条完整的封闭偏置环。

内点是指构成 Voronoi 图中的所有单调区域，都会随着偏置距离的增加而逐渐退缩为一个点或一条线段。退缩成的点称为内点，该点到轮廓环的距离为最大，即 t_{max}；退缩成的线段称为内线段，内线段上的点到轮廓环的距离相同而且都为最大值。

(3)边界终止。将偏置距离逐次减小 L，重复执行步骤(2)直至 $t \le 0$，表明偏置环已外展至轮廓边界，就完成了整个区域内的偏置过程。如图 4-47(b)所示，图中的细实线为偏置轮廓环。

表 4-4　不同轮廓元素的平分线计算方法

元素表达式	平分线表达式	示意图
直线与直线元素 $A_1 \cdot x(t) + B_1 \cdot y(t) + C_1 + k_1 \cdot t = 0$ $A_2 \cdot x(t) + B_2 \cdot y(t) + C_2 + k_2 \cdot t = 0$ $\sqrt{A_1^2 + B_1^2} = 1, \sqrt{A_2^2 + B_2^2} = 1$	$x(t) = \dfrac{(B_1 \cdot C_2 - B_2 \cdot C_1) + (B_1 \cdot k_2 - B_2 \cdot k_1) \cdot t}{A_1 \cdot B_2 - A_2 \cdot B_1}$ $y(t) = \dfrac{(A_2 \cdot C_1 - A_1 \cdot C_2) + (A_2 \cdot k_1 - A_1 \cdot k_2) \cdot t}{A_1 \cdot B_2 - A_2 \cdot B_1}$	
直线与圆弧元素 $(x(t) - x_o)^2 + (y(t) - y_o)^2 = (r + k \cdot t)^2$ $A_1 \cdot x(t) + B_1 \cdot y(t) + C_1 + k_1 \cdot t = 0$	$x(t) = x_o - A_1 \cdot L - k_1 \cdot A_1 \cdot t \pm B_1 \sqrt{r^2(t) - L^2(t)}$ $y(t) = y_o - B_1 \cdot L - k_1 \cdot B_1 \cdot t \pm A_1 \sqrt{r^2(t) - L^2(t)}$ $r(t) = r + k \cdot t$ $L = A_1 \cdot x_o + B_1 \cdot y_o + C_1$ $L(t) = L + k_1 \cdot t$	
圆弧与圆弧元素 $(x(t) - x_{o1})^2 + (y(t) - y_{o1})^2 = (r + k \cdot t)^2$ $(x(t) - x_{o2})^2 + (y(t) - y_{o2})^2 = (r_1 + k_1 \cdot t)^2$	$x(t) = x_{o1} - d_x \cdot L - d_x \cdot \lambda \cdot t \pm d_y \sqrt{r^2(t) - L^2(t)}$ $y(t) = x_{o1} - d_y \cdot L - d_y \cdot \lambda \cdot t \pm d_x \sqrt{r^2(t) - L^2(t)}$ $r(t) = r + k \cdot t$ $r_1(t) = r_1 + k_1 \cdot t$ $d = \sqrt{(x_{o1} - x_{o2})^2 + (y_{o1} - y_{o2})^2}$ $d_x = (x_{o2} - x_{o1}) / d$ $d_y = (y_{o2} - y_{o1}) / d$ $\lambda = (k_1 \cdot r_1 - k \cdot r) / d$ $L = (r_1^2 - r^2 - d^2) / 2d$ $L(t) = (r_1^2(t) - r^2(t) - d^2) / 2d$	

轮廓收缩策略和 4.6.1 节的逐行往复成行策略，尤其适用于平面分层后的成形轨迹规划，而且对于本书前面所研究的小梯度曲面分层的情况也能适用。方法是，先将小梯度曲面在 XOY 面投影为平面，并按照上述策略计算成形轨迹，最后只需要给轨迹上的各个点加上相应的高度数据(Z 值)即可。关于另一种等距曲面分层的成形轨迹确定，详见 4.6.3 节。

4.6.3　圆柱面成形路径

结合轴类零件的等距圆柱面分层原理，开发了计算其表面修复路径的过程，步骤如下：将轮廓数据在机器人基坐标系下的坐标值 (x, y, z) 转换为柱坐标系 $(r_i, \alpha, \Delta y)$。其中，r_i

的计算可参见式(4-9)(式中的 H 即使用成形焊层的余高值);而 α 和 Δy 的求取公式如下:

$$\begin{cases} \alpha = \arccos\left(\dfrac{x_0 - x}{r_i} \right) \\ \Delta y = y - y_0 \end{cases} \tag{4-18}$$

(1)计算某一截面 r_i 的路径。遍历数据找出 r_i 对应的 Δy 最小值($\Delta y_{\min}$),确定 Δy 的初始寻找区间 $[a_1, b_1] = [\Delta y_{\min}, \Delta y_{\min} + W/2]$ 中的全部点所对应的 α 值范围 $[\alpha_{\min}, \alpha_{\max}]$,记录点 P_1 为 $(r_i, \alpha_{\min}, \Delta y)$ 和点 P_2 为 $(r_i, \alpha_{\max}, \Delta y)$,添加到路径序列 $P_1 P_2$ 中。

(2)变化 Δy 的寻找区间为 $[a_n, b_n] = [b_{n-1}, b_{n-1} + L]$,并重复执行上述过程,得到路径序列 $P_{2n-1} P_{2n}$,直至 $\Delta y_{\max}$。

(3)将所有 r_i 层截面均按照上述方法执行完毕,就求解出了焊接路径轨迹。

(4)最后,将路径中的顺序点变换到机器人基坐标系下的位置坐标,并设定出每一点的成形方向为垂直于圆柱面,指向圆柱体轴心,如图 4-48 所示。

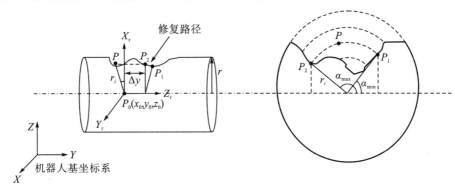

图 4-48　轴类零件路径规划示意图

对于缺损严重,需要进行整圈的圆柱面成形,还规划了两种焊道路径,即单圈路径和螺旋路径,如图 4-49 所示。若采用单圈路径进行焊接成形,则每一圈产生一个焊接接头,容易形成焊瘤;而采用螺旋路径只会形成一个焊接接头,保证了成形层的表面质量,有利于下一层的成形。因此,圆柱面成形时应优先选用螺旋路径规划方式。

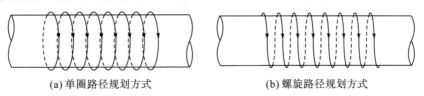

(a) 单圈路径规划方式　　　　　　　　　　(b) 螺旋路径规划方式

图 4-49　整圈圆柱面成形策略示意图

4.6.4　成形姿态计算

以上算法中的路径处理均是在机器人基坐标系下完成的,这能够保证修复路径的空间轨迹的唯一性,其显著优点是可以结合焊枪标定技术确定出焊枪路径,并着重于通过焊枪姿态的调整将复杂的焊道分解为合适的"平焊"或"仰焊"。

当焊接成形时,机器人末端的工具换为 Fronius 焊枪。如图 4-50(a)所示,焊枪坐标系建立在了焊丝末端，为了方便计算焊接方向与成形面的姿态关系，定义焊丝的伸展方向为焊枪坐标系的 Z 轴。

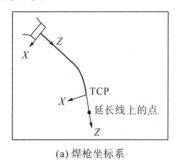

(a) 焊枪坐标系

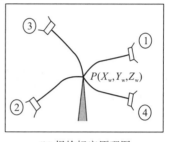

(b) 焊枪标定原理图

图 4-50　焊枪坐标系及其标定原理图

空间点在机器人基坐标系下的坐标 X_w 与焊枪坐标系坐标 X_g 的转换关系为

$$\begin{pmatrix} X_w \\ 1 \end{pmatrix} = \begin{pmatrix} R_0 & T_0 \\ 0 & 1 \end{pmatrix} \cdot \begin{pmatrix} R_g & T_g \\ 0 & 1 \end{pmatrix} \cdot \begin{pmatrix} X_g \\ 1 \end{pmatrix} \tag{4-19}$$

式中，R_g 和 T_g 分别为焊枪 TCP 与机器人末端的旋转矩阵和平移矩阵；R_0 和 T_0 为机器人末端相对于机器人基坐标系的旋转矩阵和平移矩阵。

焊枪标定就是求解 R_g 和 T_g 的过程，采用五点法的标定原理。具体做法是先让焊丝末端从四个不同方位靠近固定点 P（图 4-50（b）），计算焊丝 TCP 的位置；然后将焊丝伸长，移动机器人再次使焊丝末端靠近固定点 P，计算 Z 轴方向。

前四次靠近固定点 P 时，$X_g = (0,0,0)^T$，机器人在四种姿态下的 R_0 和 T_0 可以从机器人控制系统中依次读取，并建立四个方程，联立求解可得平移量 T_g，即焊枪 TCP 的位置。方程组的形式如下：

$$\begin{cases} X_w = R_{01} \cdot T_g + T_{01} \\ X_w = R_{02} \cdot T_g + T_{02} \\ X_w = R_{03} \cdot T_g + T_{03} \\ X_w = R_{04} \cdot T_g + T_{04} \end{cases} \tag{4-20}$$

焊丝伸长一段距离后第五次靠近固定点 P 时，$X_g = (0,0,z_g)^T$，z_g 是焊丝的伸长长度。用 $\vec{Z}$ 表示焊枪坐标系的 Z 轴方向，可通过式（4-21）确定：

$$\begin{cases} \vec{Z} = \text{norm}(T_{05} - T_{04}) = (T_{05} - T_{04}) / z_g \\ z_g = \sqrt{(T_{05x} - T_{04x})^2 + (T_{05y} - T_{04y})^2 + (T_{05z} - T_{04z})^2} \end{cases} \tag{4-21}$$

如前所述，系统的成形方向优选为机器人基坐标系的 Z 轴方向，而且焊接成形过程以"平焊"姿态最为理想，因此应保证焊枪坐标系的 Z 轴与机器人基坐标系的 Z 轴一致，但方向相反。

可通过恢复焊枪坐标系 Z 轴上的单位距离点，如 $X_{g1} = (0,0,0)^T$ 和 $X_{g2} = (0,0,0)^T$，得

$$\begin{cases} X_{w1} = R_0 \cdot T_g + T_0 \\ X_{w2} = R_0 \cdot \vec{Z} + R_0 \cdot T_g + T_0 \end{cases} \tag{4-22}$$

此时，该两点在机器人基坐标系下还应满足：

$$X_{w1} - X_{w2} = -(X_{g1} - X_{g2}) = (0,0,1)^T \tag{4-23}$$

联立式(4-22)和式(4-23)，可得

$$R_0 \cdot \vec{Z} = (0,0,1)^T \tag{4-24}$$

因此，在焊接成形时优先设定机器人的姿态 R_0 满足式(4-24)，以保证焊枪姿态垂直于成形面。在表示机器人姿态时，多用四元数方式，它与 R_0 的转换公式为

$$\begin{cases} q_w = \dfrac{1}{2}\sqrt{1 + R_0(1,1) + R_0(2,2) + R_0(3,3)} \\ q_x = \dfrac{R_0(3,2) - R_0(2,3)}{4q_w} \\ q_y = \dfrac{R_0(1,3) - R_0(3,1)}{4q_w} \\ q_z = \dfrac{R_0(2,1) - R_0(1,2)}{4q_w} \end{cases} \tag{4-25}$$

参 考 文 献

[1] Kim I S, Son J S, Lee S H, et al. Optimal design of neural networks for control in robotic arc welding[J]. Robotics and Computer Integrated Manufacturing, 2004, 20(1): 57-63.

第 5 章　载能束熔覆成形

5.1　概　　述

增材再制造成形技术是基于离散-堆积成形原理，通过各种先进的再制造技术和表面技术，恢复零件形状尺寸，并使再制造产品达到或超过同类新产品性能要求的成形技术。因此，通过电弧、等离子、激光、电子束等能场以及电场、磁场、超声波等能量来实现恢复零件形状尺寸和性能的各种成形技术和工艺方法都可以归属为再制造成形技术，包括各种载能束熔覆成形、热喷涂等。根据采用的成形工艺的不同而各有不同的名称，例如，采用激光为热源的称为激光再制造成形技术，基于电弧堆焊再制造成形技术，顾名思义就是采用 GMAW 堆焊作为成形工艺。

本章主要介绍基于电弧的熔覆再制造成形技术。

5.2　成　形　系　统

机器人电弧熔覆成形系统主要包括单道三维激光扫描与建模子系统、六自由度机器人、电弧熔覆成形系统、主控计算机以及相关软件。

1）ABB 机器人系统

ABB（Asea Brown Boveri 有限公司）机器人在扫描、焊接工作中 6 个轴同时运动，可以满足速度、精度和空间位置的要求。

2）电弧熔覆成形系统

电弧熔覆成形系统由熔化极惰性气体保护电弧焊（metal inert-gasarc welding，MIG）焊机、送丝机构、焊枪、供气装置组成。

3）主控计算机

主控计算机是整个系统的过程控制中心，可控制各个子系统进行数据处理和零件的熔覆成形。

4）其他辅助设备

其他辅助设备主要包括工件夹具、各种支座、工件（包括夹具）变位装置、安全防护装置及焊枪喷嘴清理装置、焊丝剪切装置等，这些装置可以保证该系统顺利、安全、环保地完成电弧熔覆成形作业。

5.3　焊道模型建模

　　图 5-1 给出了基于三维激光扫描的焊缝截面形态函数建模过程，该过程为首先对成形焊缝的某段三维激光扫描，然后进行焊缝数据的精简与平滑，基于最小二乘法采用不同函数进行拟合，并进行拟合误差分析，从而获得形式简单、拟合精度较高的焊缝截面形态函数。

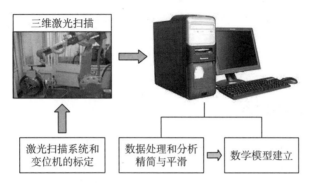

图 5-1　基于三维激光扫描系统的焊缝截面形态函数建模

　　图 5-2 给出了与前面相同焊接工艺条件下的成形焊缝形貌。可以看出，该条件下，焊缝成形较为均匀，飞溅较小，选取燃熄弧中间区域长度为 50mm 的焊缝进行扫描。图 5-3 和图 5-4 分别给出了三维激光扫描的过程和所得到的焊缝截面轮廓数据。

图 5-2　待扫描的成形焊缝形貌

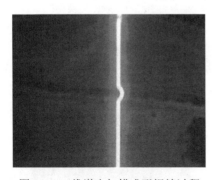 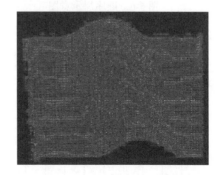

图 5-3　三维激光扫描成形焊缝过程　　　　图 5-4　三维激光扫描得到的焊缝截面轮廓数据

　　对焊缝截面轮廓数据进行数据精简和平滑处理，得到的结果如图 5-5 所示。可以看出，焊缝截面轮廓数据经精简和平滑处理后，变得较为平滑。

图 5-5　焊缝截面数据精简及平滑处理

5.4　成形路径规划

5.4.1　单层路径规划研究

本节研究单层堆焊成形下，不同路径规划方式对成形质量的影响。

1) 顺序焊

顺序焊示意图如图 5-6 所示。由图 5-7 可以看出，顺序焊在前半部分时，熔覆成形质量较差，焊料无法铺展；后半部分由于焊接热量的逐渐增加，相当于给母材进行预热，后续焊道铺展能力提高，成形质量较好。

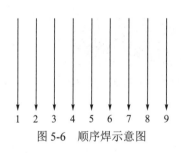

图 5-6　顺序焊示意图

图 5-7　顺序焊实物图

2) 间隔焊(一边起弧)

间隔焊(一边起弧)示意图如图 5-8 所示。由图 5-9 可以看出，间隔焊堆焊熔覆表面较为平整，成形质量较好。

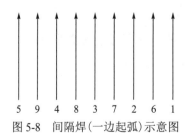

图 5-8　间隔焊(一边起弧)示意图

图 5-9　间隔焊(一边起弧)实物图

3）间隔焊（两边起弧）

间隔焊（两边起弧）示意图如图 5-10 所示。由图 5-11 可以看出，采用该工艺时，间隔焊堆焊熔覆表面基本平整，但搭接起伏较大，总体成形质量较好。

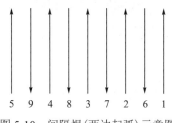

图 5-10   间隔焊（两边起弧）示意图

图 5-11   间隔焊（两边起弧）实物图

4）由中间到两边焊

由中间到两边焊示意图如图 5-12 所示。从图 5-13 中可以看到，由中间到两边焊成形质量较好，成形表面较为光滑、平整，但由于焊接热量输入等的影响，产生了一定的焊道缺陷。

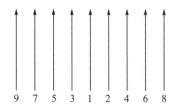

图 5-12   由中间到两边焊示意图

图 5-13   由中间到两边焊实物图

5）由两边到中间焊

由两边到中间焊示意图如图 5-14 所示。由图 5-15 可以看到，由两边到中间焊的堆焊熔覆成形质量较好，表面较为平整。

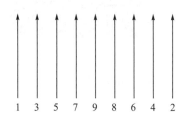

图 5-14   由两边到中间焊示意图

图 5-15   由两边到中间焊实物图

6）弓字焊

弓字焊示意图如图 5-16 所示。由图 5-17 可以看出，堆焊熔覆成形质量较好，表面较为平整，基本无焊接缺陷产生。

图 5-16　弓字焊示意图

图 5-17　弓字焊实物图

7）由外向内焊

由外向内焊示意图如图 5-18 所示。从图 5-19 中可以看出，由外向内焊堆焊熔覆成形质量较差，有一些未熔合现象。

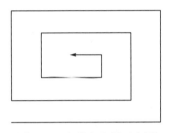

图 5-18　由外向内焊示意图

图 5-19　由外向内焊实物图

8）由内向外焊

由内向外焊示意图如图 5-20 所示。由图 5-21 可以看出，由内向外焊的成形质量好，外形比较光滑、均匀、平整。

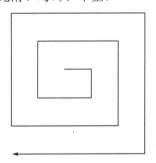

图 5-20　由内向外焊示意图

图 5-21　由内向外焊实物图

由表 5-1 可以看出，弓字焊表面变形凹凸度最小，为 0.2202，因此弓字焊路径规划方式为最优。

表 5-1　不同路径的平面成形表面变形凹凸度

路径规划方式	表面变形凹凸度
顺序焊	0.2714
间隔焊（一边起弧）	0.3386
间隔焊（两边起弧）	0.3102

路径规划方式	表面变形凹凸度
由中间到两边焊	0.3279
由两边到中间焊	0.2696
弓字焊	0.2202
由外向内焊	0.2890
由内向外焊	0.2475

5.4.2　多层路径规划研究

1) 起弧方式的影响

由图 5-22 可以看出，当进行多层焊时，如果上下层的起弧点在同一位置，则会使起弧焊瘤不断积累，成形件不同位置，高度相差较大，而在不同位置起弧，大大减小了这种误差，能得到尺寸较为均匀的成形件。

(a) 单壁焊(一边起弧)　　　　　(b) 单壁焊(两边起弧)

图 5-22　起弧方式的影响

2) 层数对平面成形表面变形凹凸度的影响

以弓字焊为例，在多层堆焊层上都按照同一路径规划方式进行堆焊成形，所得到的平面成形表面变形凹凸度如图 5-23 所示。

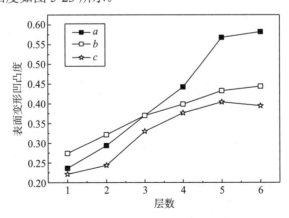

图 5-23　层数对平面成形表面变形凹凸度的影响

a-送丝速度为 6m/min，无预热；b-送丝速度为 7.5m/min，无预热；c-送丝速度为 6m/min，预热温度为 300℃

由图 5-23 可以看出，多层堆焊成形在同一种路径规划方式下，随着层数的增加，表面变形凹凸度都有增大的趋势；增大到一定程度，增加幅度减小；而且不同的工艺条件对表面变形凹凸度有较大的影响。在送丝速度为 6m/min、无预热条件下，当堆焊成形层达到 5 层后，表面已经非常凹凸不平，第 6 层成形过程较不稳定，多次断弧，成形层表面质量已经很差，无法再继续成形；而在送丝速度为 7.5m/min、无预热条件下，虽然开始时表面变形凹凸度较大，但当堆焊成形层达到 3 层后，表面变形凹凸度比送丝速度为 6m/min、无预热条件下的要小，第 6 层成形过程稳定，成形层表面质量较好，还可以继续成形；在送丝速度为 6m/min、预热温度为 300℃条件下得到的表面变形凹凸度比前两种条件下得到的都要小，第 6 层成形层表面质量较好，也还可以继续成形。

5.4.3 圆柱面路径规划研究

圆柱面堆焊成形焊道路径规划的方式主要有两种，分别为单圈路径规划和螺旋路径规划，如图 5-24 和图 5-25 所示。

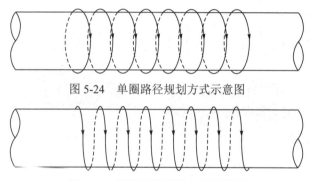

图 5-24 单圈路径规划方式示意图

图 5-25 螺旋路径规划方式示意图

若采用单圈路径规划方式进行焊接成形，则每一圈产生一个焊接接头，容易形成焊瘤，而采用螺旋路径规划方式可以只形成一个焊接接头，保证了成形层的表面质量，利于下一层的进一步成形。图 5-26 和图 5-27 分别为采用单圈路径规划方式和螺旋路径规划方式进行成形的圆周堆焊层，可以看出，采用单圈路径规划方式的成形层，焊接接头处产生了焊瘤，而采用螺旋路径规划方式的成形层，焊层表面较为平整，成形过程中没有焊瘤的产生，因此圆柱面堆焊成形采用螺旋路径规划方式最优。

图 5-26 单圈路径规划方式成形实物图

图 5-27 螺旋路径规划方式成形实物图

5.5 零件再制造成形

利用开发的基于机器人 GMAW 堆焊再制造成形系统对某装备的扭力轴头进行再制造成形，扭力轴头的材料为 45CrNiMoVA 钢，采用的成形焊丝为 UTP A DUR 600 耐磨实心焊丝，成形表面较为平整，如图 5-28 所示。说明基于机器人 GMAW 堆焊再制造成形系统可以用于损伤零件的再制造成形。

(a) 磨损的扭力轴头　　　　(b) 堆焊再制造成形工序后的扭力轴头

图 5-28　某装备扭力轴头再制造成形

第6章 激光-电弧复合熔覆成形

6.1 概　　述

能束能场复合再制造成形技术指利用电弧、激光、电子、等离子等能量束和电场、磁场、超声波等能量场复合工艺实现损伤零件再制造修复，常用的能束能场复合成形技术主要有激光-电弧复合熔覆成形技术、磁场-激光复合熔覆成形技术、磁场-电弧复合熔覆成形技术、磁场-等离子复合熔覆成形技术等。

本章主要介绍激光-电弧复合熔覆成形技术的基本原理和应用。

6.2 基 本 原 理

20 世纪 70 年代，复合热源首次被提出，由于当时激光器的成本太高，而且激光功率较低，为了节省成本，又满足焊接速度，英国帝国理工学院的学者首次提出采用电弧辅助激光进行焊接[1]。近年来，随着激光器技术的发展，复合热源焊接方式得到了广泛应用。激光-电弧复合焊技术主要分别通过电弧加强激光焊、低功率激光辅助电弧焊以及激光-电弧顺序焊三种方式来实现。激光-氩弧复合焊通过激光与电弧的相互协调，提高激光的吸收率和电弧的稳定性。复合热源穿透力强，焊接效果明显，相比单纯的两种焊接功效有极大的提高，工艺成本降低了 50%，生产效率提高了 50%，起到了 1+1＞2 的效果[2]。

激光-氩弧复合焊根据焊接方式的不同可以分为双束光与钨极惰性气体保护焊 (tungsten inert-gas arc welding，TIG) 电弧同轴复合、激光-电弧旁轴复合、多电极 TIG 电弧与激光同轴复合三种复合方法，如图 6-1 所示，三种方法依次由左至右排列。

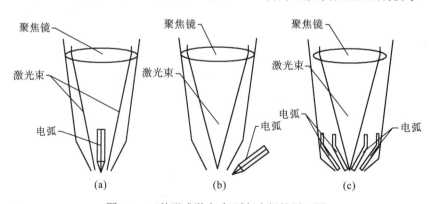

图 6-1　三种形式激光-氩弧复合焊接原理图

由于激光-氩弧复合技术是两种工艺方法的结合，这就需要建立一个复合的焊接系统，主要包括 Nd：YAG 固体激光器、交流 TIG 焊机、焊丝送丝机构、行走系统以及保护气装置。图 6-2 是系统的原理图，图 6-3 是系统的实物图，其中的 Nd：YAG 固体激光器可以提供连续波形、正弦脉冲和方波脉冲三种工作模式，技术参数如表 6-1 所示。激光器的聚焦系统分为聚焦透镜和反射聚焦镜。聚焦透镜的聚焦性能较好，适用的激光功率范围是 2kW 以下；而反射聚焦镜是采用特殊金属制成的，主要适用于 2kW 以上的激光功率。

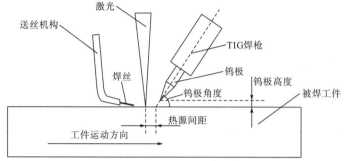

图 6-2　激光-氩弧复合焊接系统原理图

图 6-3　激光-氩弧复合焊接系统实物图

表 6-1　JK2003SM 激光器主要技术参数

技术参数	数值范围	技术参数	数值范围
最大平均功率/W	2000	光纤直径/μm	600
最大峰值功率/W	4000	脉冲频率/Hz	100～1000
光束质量/(mm·mrad)	24	光斑直径范围/mm	0.3～0.9

氩弧焊机是奥地利 Fronius 公司生产的 Magic Wave 4000 型数字化脉冲交/直流 TIG 焊机，其通过数字信号处理器控制和调节焊接电源，可实时监测焊接全过程的参数。技术参数如表 6-2 所示。

表 6-2　Magic Wave 4000 型焊机主要技术参数

技术参数	数值范围	技术参数	数值范围
脉冲频率调节范围/Hz	0.2～2000	占空比调节范围/%	10～90
焊接电流调节范围/A	3～400	基值电流/脉冲电流/%	0～100

所采用的焊丝送丝机构是美国 CK Worldwide 公司的 WF-3 型送丝机，试验所采用的焊接行走系统是三轴全伺服驱动设计的 TDJG-1 型多轴数控加工机床，可实现沿三个轴方向的运动，以焊枪相对于工件的运动方向为主要方向。

为防止焊接过程中被焊件与焊枪受热氧化，以纯度为 99.99% 的氩气作为保护气体，通过正面保护的方式实现对系统的保护作用。

采用高速摄像机观察激光-氩弧复合焊和钨极氩弧焊焊接过程中电弧形状的不同，分析研究激光-氩弧复合焊过程中激光与电弧的交互作用。为了获得清晰且对比度较高的图像，在采集图片过程中摄像镜头前端加一个滤光强度为 50% 的紫外线(ultravioletray, UV)

滤光片和一个波长带通范围为 659.5nm±5nm 的带通滤光片,且熔滴过渡过程的观察方向垂直于焊接方向。摄像设备通过数据线与计算机连接,拍摄时将图像数据传输到计算机,经过软件处理将图像显示。所拍摄的照片分辨率为156像素×156像素,照片采集速度为2000帧/s。

图6-4(a)是在表6-3参数下激光-氩弧复合焊高速摄像所得的电弧形状,图6-4(b)是相同参数下钨极氩弧焊高速摄像所得的电弧形状。通过对比分析两种焊接过程高速摄像图片中电弧形状的结果,表明:①激光-氩弧复合焊中激光对电弧起到了一定的牵引作用,使电弧在焊接过程中燃烧得更稳定,同时导致熔池中熔化金属的流动趋于平稳;②钨极氩弧焊中的电弧明显受到熔化熔池形态的影响,熔池的流动导致电弧的稳定性较差。根据最小电压原理,电弧有热损失最小倾向,电弧易在易电离的区域形成,在激光所作用区域更容易发生电离,因此激光对电弧起到牵引与压缩作用。

表6-3 单层多道熔覆层制备工艺参数

焊接电流/A	焊接速度/(mm/s)	送丝速度/(mm/s)	激光功率/W	氩气流量/(L/min)
130	5	23	500	15

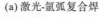

(a) 激光-氩弧复合焊

(b) 钨极氩弧焊

图6-4 激光-氩弧复合焊与钨极氩弧焊的高速摄像结果

6.3 成形工艺

6.3.1 对焊道形貌的影响

1) 送丝速度的影响

图6-5为不同送丝速度下单道熔覆层截面与表面形貌。从图中可以看出,无论给定多大的送丝速度,所得到的熔覆层形貌均光滑,通过熔覆层表面形貌和截面形貌观察发现熔覆层表面和截面无气孔、裂纹、夹渣等缺陷,且随着送丝速度的逐渐增大,余高也明显增大。相比而言,送丝速度越小,熔覆层成形性越好,表面越光滑,而随着送丝速度的增大,熔覆层出现了轻微的波动和咬边现象,这说明送丝速度越慢,焊丝熔化越充分,流动性越

好，波动也越小，因此在较小的送丝速度下，熔覆层成形性比较高，成形更光滑、平整。

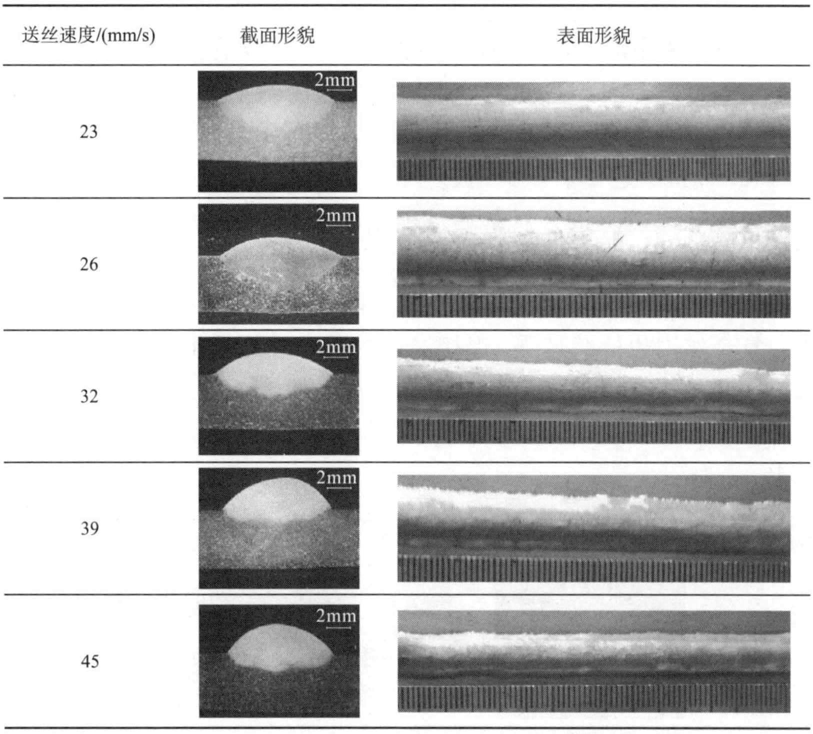

送丝速度/(mm/s)	截面形貌	表面形貌
23		
26		
32		
39		
45		

图 6-5　送丝速度对成形熔覆层形貌的影响

图 6-6 是熔覆层尺寸随送丝速度增大的变化曲线。试验表明，送丝速度对熔覆层余高和熔深的影响最为明显，其中余高增加了约 2 倍，而熔深降低了约 45%。随着送丝速度的增加，熔覆层熔深减小，熔宽呈先增加而后下降的趋势，变化不是很大，但余高增加明显。送丝速度增加，即单位时间送丝量增大，电弧所产生的能量更多用于熔化填充焊丝，对母材的熔化能量相应减少，致使熔深降低；而熔宽的大小主要取决于电弧的尺寸，在熔宽变化不大的情况下，送丝速度增加，熔深降低，必然使余高增大。当送丝速度较小时，焊丝熔化充分，熔池较深，填充金属可以平整地熔覆在熔池内，得到扁平状的熔覆层，且残余应力较小。

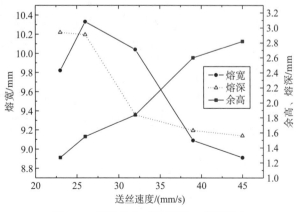

图 6-6　送丝速度对熔覆层尺寸的影响

2）焊接电流的影响

图 6-7 是不同焊接电流下的熔覆层形貌。从图中可以看出，当焊接电流在 90A 时，熔覆层出现不均匀过渡，且波动较大，但随着焊接电流的增大，熔覆层越来越平整光滑，越来越铺展。并且随着焊接电流的增加，熔覆层由半球形逐渐变为扁平状，当焊接电流达到 140A 时，板材试样已经被焊穿。这说明焊接电流对焊件的铺展性、成形性和熔深有较大影响。TIG 的强度是通过电流决定的，电流过小，电弧功率较小，激光和电弧复合作用强度不足，导致焊接熔深小，不易焊透，且焊接过程中易出现激光与电弧分离，产生波动和不均匀过渡的现象；随着电流的增加，电弧能量随之增加，激光与电弧的复合作用也持续增强，焊接过程中所产生的能量提高了熔覆层的铺展性，增大了熔深，因此当焊接电流提高到一定程度后，激光能量才得以充分利用。为得到良好的复合强度和焊接效果，焊接电流（单位为 A）的数值需为激光功率（单位为 W）数值的 20%以上。

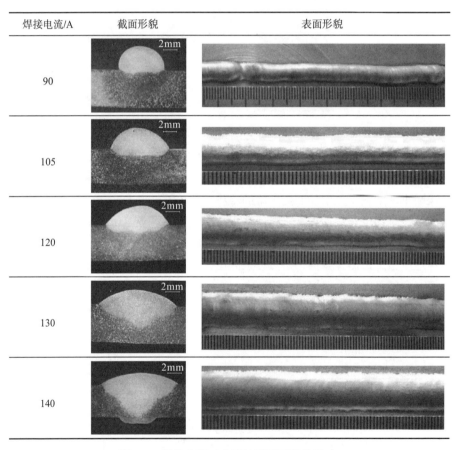

图 6-7　焊接电流对成形熔覆层形貌的影响

焊接电流对熔覆层尺寸的影响如图 6-8 所示。从图中可以看出，熔宽随着焊接电流的增加持续增长，熔深也随焊接电流的增加而增大，但余高随之减小。随着焊接电流的增加，电弧功率加强，激光与电弧的复合强度增大，焊接热输入也随之增强，熔池和填充金属有充足的能量完成熔化，提高了熔覆层的成形性和铺展性。

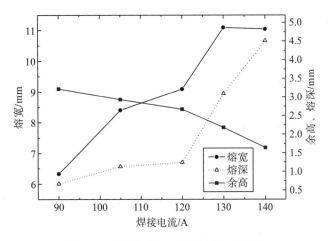

图 6-8　焊接电流对熔覆层尺寸的影响

3) 焊接速度的影响

在其他工艺参数保持不变，焊接速度分别为 3mm/s、5mm/s、10mm/s、15mm/s、20mm/s 的条件下进行焊接试验，研究焊接速度对复合焊熔覆层形貌的影响。图 6-9 为不同焊接速度时熔覆层的形貌。从图中可以看出，随着焊接速度的增大，熔覆层变得细窄，但熔覆层成形并未受到焊接速度增大的影响，不同焊接速度下熔覆层成形性良好，并没有气孔、咬边和裂纹等缺陷。当单独 TIG 焊接工作时，焊接速度达到 15mm/s，熔覆层出现搭接不齐、断续、咬边等现象；而激光-氩弧复合焊即使焊接速度达到 20mm/s，所得到的熔覆层依旧光滑、连续。通常电弧是通过工件产生的热电离而产生的[3]，当焊接速度变大时，热电离过程变得不充分造成了焊接电弧的不稳定燃烧。而当激光加入时，激光的作用使板材表面易形成熔池，同时热电离过程变得稳定，电弧热电子发射变得更容易，为电弧的充分燃烧提供带电粒子和低电量电势粒子，而且提高了电弧中心与周围环境的温差，且电弧电压减小，从而增强了电弧的稳定性。因此，激光-氩弧复合焊技术极易适合高速焊接，且所得熔覆层的质量较为良好。

图 6-10 为不同焊接速度对熔覆层尺寸的影响。可以看出，随着焊接速度的增大，熔深、熔宽、余高都有所减小。这是因为在焊接速度很低时，单位面积的热输入较大，有足够的时间和能量形成熔池，熔化母材和填充金属，因此所得到的熔覆层熔深、熔宽和余高均很大；随着焊接速度的增大，电弧在熔池上停留时间减小，导致单位面积的热输入减少，所得到的熔覆层熔深、熔宽和余高也随之变小。当焊接速度为 20mm/s 时，熔覆层熔深、熔宽、余高比速度为 3mm/s 时分别降低了 78.7%、58.4%、58.0%，可见焊接速度对熔覆层尺寸的影响很大，随着焊接速度的增大，熔覆层尺寸趋向细、窄、小的方向。然而，在其他条件不变的情况下，焊接速度越大，越有利于减小焊接变形倾向，减小热裂纹和内应力发生的概率[4]。

焊接速度/(mm/s)	截面形貌	表面形貌
3		
5		
10		
15		
20		

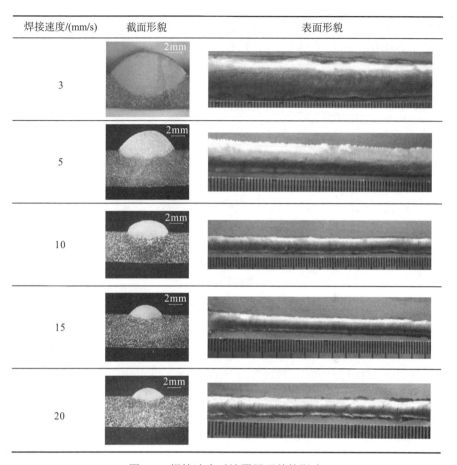

图 6-9 焊接速度对熔覆层形貌的影响

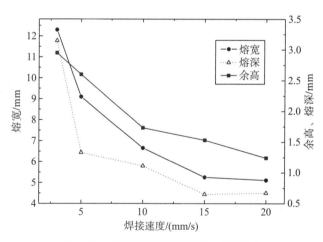

图 6-10 焊接速度对熔覆层尺寸的影响

4) 激光功率的影响

在激光-氩弧复合焊中，激光主要起到引导电弧的作用，图 6-11 为不同激光功率对熔覆层形貌的影响。当激光功率为 200W 时，熔覆层有明显的波动和起伏，熔覆层表面和母材融合连接处不太光滑，存在轻微的咬边。随着激光功率的增加，激光与电弧的复合作用随之增加，焊接过程趋于稳定，得到的熔覆层越来越光滑、成形性越来越良好。然而，焊接过程中激光功率却不宜过高，因为镁合金的熔点和沸点相对其他金属较低，当激光功率过高时，激光与电弧复合产生的热输入过大，容易导致焊接过程中镁合金蒸发[5]，使熔覆层中出现少量因金属填充不足而产生的气孔和孔洞，影响熔覆层的成形和力学性能。从图 6-11 截面形貌中发现，当激光功率增加到 600W 时，出现了少量较小的气孔缺陷。因此，在激光功率的选择上应该取 400～500W 为宜。

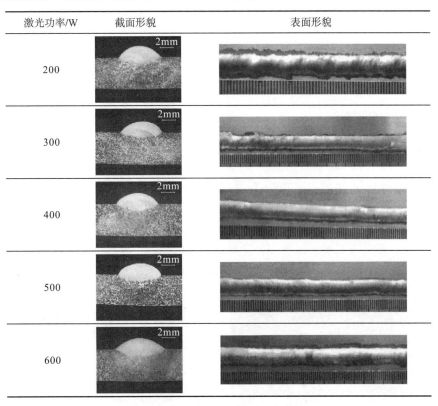

图 6-11　激光功率对熔覆层形貌的影响

图 6-12 是不同激光功率下熔覆层尺寸的变化。从图中可以看出，随着激光功率的增加，熔深和熔宽总体均呈现增大的趋势，而余高呈现先降低后增大的趋势，但增加并不明显。当激光功率为 600W 时比激光功率为 200W 时，熔深增加了 35.3%，熔宽增加了 18.9%，余高降低了 6.5%。这是由于在激光功率很小时，激光-氩弧复合焊呈现热传导焊的特点，此时 TIG 起决定性作用，因此得到的熔覆层熔深比较小；而随着激光功率的增加，提高了复合焊的热输入，复合焊呈现激光焊所特有的深熔焊的特点[6]，此时激光焊与 TIG 共同作用，熔覆层熔深增大，熔覆层铺展性提高，余高呈现先减小后增大的趋势。因此，随着激光功率的增加，熔覆层熔深、熔宽得到提高，而熔覆层余高先降低后增加，但增加并不明显。

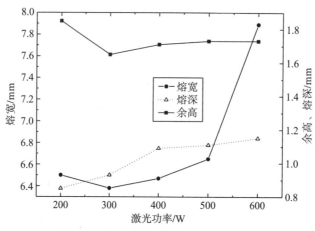

图 6-12 激光功率对熔覆层尺寸的影响

6.3.2 对组织的影响

1) 熔覆层微观组织对比

图 6-13 和图 6-14 分别为激光-氩弧复合焊和钨极氩弧焊熔覆层的微观组织形貌。从图 6-13(a) 中可以看出激光-氩弧复合焊熔覆区的微观组织比母材明显细化，晶粒均匀分布，这是由于熔覆层的金属在焊接过程中受高温而熔化，镁合金导热系数大、散热快，熔池冷却速度快，在熔覆层凝固过程中，金属快速凝固结晶，有利于熔覆区组织的弥散，导致熔覆层晶粒的细化[7]。并且焊丝中添加的 Al、Mn 等合金化元素有增加合金化效率的作用，对提高熔覆层细化程度起到一定的帮助。

(a) 放大100倍熔覆区组织

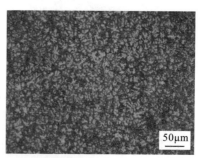

(b) 放大200倍熔覆区组织

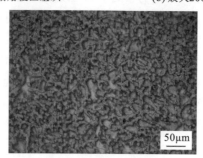

(c) 放大200倍热影响区组织

图 6-13 激光-氩弧复合焊熔覆层微观组织

图 6-14　钨极氩弧焊熔覆层微观组织

焊接熔化相对于重新熔炼，加上电弧压力的搅拌，合金元素更均匀地分布于熔覆区中，起到了限制晶粒生长的作用，间接提高了熔覆区晶粒的细化效率。在同倍数下，热影响区的晶粒则更为粗大，原因在于，焊接时热影响具有局部性、区域性和瞬时性，而镁合金冷却速度快，且焊接温度场分布不均匀，距离熔覆层近的母材与熔覆金属一起熔化形成熔覆区，距离熔覆层较远的区域受热但未熔化，受热循环影响，受热时间相对较长，导致该区域明显过热，形成热影响区，因此晶粒发生粗化、长大[7]。一般来说，热影响区的组织和性能比熔覆区要差，是熔覆层中最薄弱的地方。而对比激光-氩弧复合焊和钨极氩弧焊熔覆层的微观组织发现，两者相差不大，比母材都有所细化，为分布均匀的等轴晶。

2) 熔覆层物相对比分析

图 6-15 为母材、激光-氩弧复合焊单层多道熔覆层和钨极氩弧焊单层多道熔覆层 X 射线衍射（X-ray diffraction，XRD）。从图中曲线分析可知，母材和两种焊接方式所得熔覆层均主要以 α-Mg 相和金属间化合物 β-$Al_{12}Mg_{17}$ 相组成[7]，而母材所含的 β-$Al_{12}Mg_{17}$ 衍射峰值明显大于钨极氩弧焊熔覆层和激光-氩弧复合焊熔覆层。分析原因可知，一方面，Al 元素在镁合金中可以起到细化晶粒、提高可焊性的作用，在 710K 时 Al 在镁固溶体中的固溶度最大，通过电弧的高温熔化后，熔覆层中的大部分 Al 元素固溶于 α-Mg 中，因此析出的 β 相明显小于母材；另一方面[7]，如果 Al 元素含量较少，则析出的 β-$Al_{12}Mg_{17}$ 相也较少，焊丝中所含的 Al 元素含量为 6.65%，小于母材中所含 Al 元素含量（7.2%~8.5%），因此衍射峰值与 Al 元素含量相符。然而由 Mg-Al 相图可知，焊接熔池快速冷却造成了非平衡凝固条件，实际的固溶线下移，即使熔覆层中 Al 元素含量小于母材，在焊接过程中高温环境下，大部分 Al 元素溶入 α-Mg 中，但当熔池快速冷却时，在液相快冷条件下，仍然会有少量 Al 元素存在于 β-$Al_{12}Mg_{17}$ 中，并与 α-Mg 形成（α+$Al_{12}Mg_{17}$）共晶体以颗粒状形式析出在晶界上[7]。β-$Al_{12}Mg_{17}$ 相在室温下属于硬脆相，会降低合金的塑性，因此熔覆层的塑性要好于母材[7]。进一步分析 XRD 能谱发现，钨极氩弧焊熔覆层与激光-氩弧复合焊熔覆层的衍射能谱相似，但钨极氩弧焊熔覆层含有 β-$Al_{12}Mg_{17}$ 的衍射峰略高于激光-氩弧复合焊，这说明激光的干预增加了电弧的稳定性和焊接过程中的搅拌能力，使熔池的流动性得到提高，这为

Al 元素的充分固溶提供了条件,因此激光-氩弧复合焊熔覆层中的 β-$Al_{12}Mg_{17}$ 相略小于钨极氩弧焊。

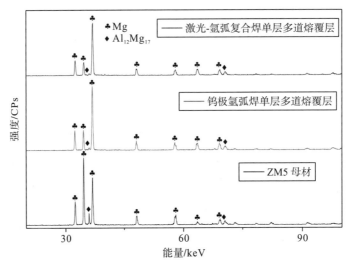

图 6-15　母材与熔覆层 XRD 能谱

6.3.3　对熔覆层性能的影响

1)熔覆层硬度对比分析

图 6-16 和图 6-17 为激光-氩弧复合焊和钨极氩弧焊所得熔覆层的纵向硬度与横向硬度的对比。从图 6-16 中可以看出激光-氩弧复合焊熔覆区的硬度平均值为 76HV$_{0.05}$,与母材区的平均硬度(78.7HV$_{0.05}$)相当,热影响区的平均硬度为 69.4IIV$_{0.05}$,低于母材区和熔覆区;而钨极氩弧焊熔覆区的平均硬度为 69.7HV$_{0.05}$,热影响区的平均硬度为 66.5HV$_{0.05}$,均低于激光-氩弧复合焊。根据 Hall-Petch 方程[8],晶粒尺寸越小,显微硬度值越大,熔覆层晶粒细小,因此该区域硬度较高,而热影响区在焊接过程中晶粒受热长大,所以该区域显微硬度值较小[7]。

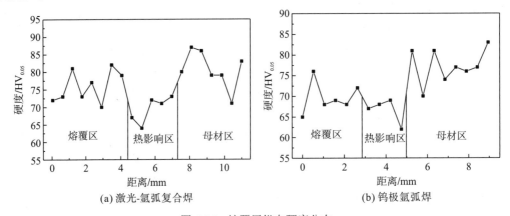

图 6-16　熔覆层纵向硬度分布

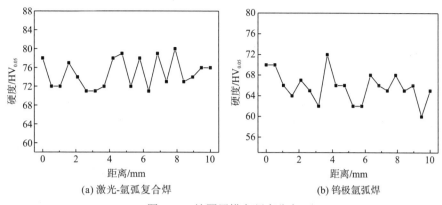

(a) 激光-氩弧复合焊　　　　　　(b) 钨极氩弧焊

图 6-17　熔覆层横向硬度分布

　　为了进一步分析激光-氩弧复合焊与钨极氩弧焊熔覆层的硬度差别，采用横向测试的方法对比研究熔覆层的硬度，结果为激光-氩弧复合焊的横向硬度平均值为 $76.8HV_{0.05}$，高于钨极氩弧焊的 $67.8HV_{0.05}$。这说明激光的添加具有提高熔覆区硬度的作用，且其硬度与母材相当。一方面，激光-氩弧复合焊通过激光牵引、收弧和电弧的搅拌作用降低了组织内部的气孔、裂纹等缺陷，减少了夹杂物的含量，提高了熔覆层的力学性能；另一方面，由于激光-氩弧复合焊的搭接质量比钨极氩弧焊好，无搭接空隙或搭接偏离的现象，进一步提高了熔覆层的力学性能。

　　2) 熔覆层耐磨性对比分析

　　(1) 熔覆层摩擦因数测试及对比分析。

　　对两种焊接方式所得熔覆层和 ZM5 镁合金母材的摩擦学性能展开研究，图 6-18(a)～(c) 分别为摩擦频率为 5Hz，摩擦载荷为 5N、10N、15N 下的摩擦因数变化对比图。由图可以看出，熔覆层和母材的摩擦因数随摩擦时间在短时间内迅速递增到一个峰值，随后逐渐进入稳定摩擦阶段。几条曲线均有一定波动，原因是干摩擦的运动不是平稳连续滑动，而是一个物体相对于另一个物体断续滑动。按照固体摩擦理论，摩擦过程中的实际接触面积只是很小的一部分。摩擦副相互接触的部分在摩擦过程中产生塑性流动，瞬时高温使被摩擦的母材和熔覆层金属产生具有很高黏着力的黏着节点。在摩擦力的作用下，黏着节点被剪切而产生滑动。因此，干摩擦过程可看成黏着节点的形成与滑动剪切交替发生的过程，这种过程使摩擦相对运动中母材和熔覆层产生不同形变，导致所需摩擦力的变化，最终引起摩擦因数的波动[7, 9]。

　　当摩擦载荷为 5N 时(图 6-18(a))，三者摩擦因数曲线分布疏散，只有少量交叉部分，其中母材的摩擦因数最大，在短时间内先减后增，而后随时间趋于稳定；钨极氩弧焊熔覆层摩擦因数小于母材，其曲线波动较大，随时间的增加摩擦因数呈现略微上升的趋势；激光-氩弧复合焊熔覆层的摩擦因数最小，在整个试验过程中都比较平稳，其摩擦因数初始值较小，在 60s 内增加到峰值，随后趋于稳定。这表明激光-氩弧复合焊熔覆层在低载荷、低频率的条件下，其摩擦学性能最好，激光与电弧的复合可以提高镁合金熔覆层的耐摩擦性能。而当载荷持续增加时发现三者的摩擦因数曲线逐渐接近，到摩擦载荷为 15N 时(图 6-18(c))曲线交叉最多，这与母材和熔覆层磨损表面的氧化有关，而摩擦因素均随着时间的积累出现平稳增加的趋势。

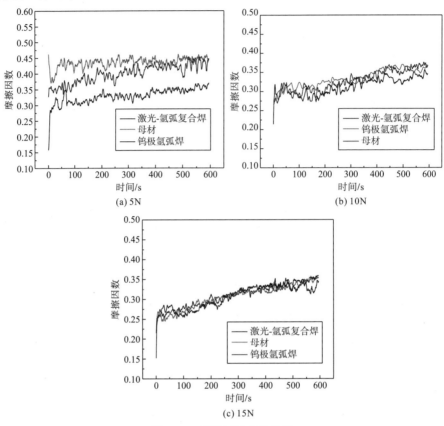

图 6-18　摩擦因数变化曲线

各摩擦载荷下两种焊接工艺熔覆层和母材的平均摩擦因数如图 6-19 所示。在摩擦载荷为 5N 时三者的差距最大，随着载荷的增加三者的差距逐渐减小，但激光-氩弧复合焊的摩擦因数始终最小，这与图 6-18 曲线相符。另外，不论是熔覆层还是母材，在载荷增加的情况下，其摩擦因数都呈现减小的趋势，其中母材的平均摩擦因数减小最多，这说明母材的氧化程度最深。

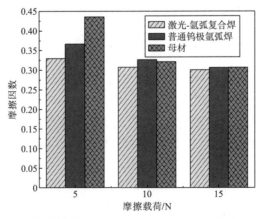

图 6-19　不同摩擦载荷下的平均摩擦因数

(2)熔覆层磨痕形貌及元素成分对比分析。

图 6-20 为不同摩擦载荷下两种焊接工艺熔覆层和母材的磨痕形貌。从图中可见，在干摩擦条件下，母材的磨痕表面有明显的犁沟，犁沟分布平行且连续，个别犁沟较深，主要是因为钢球摩擦副上的微凸体挤入熔覆层内，摩擦时起到犁耕作用，在清晰的犁沟旁边还存在磨屑碎片被堆积、转移的现象；而两种焊接工艺所得熔覆层的磨痕表面虽有犁沟，但犁沟并不连续，且出现明显的撕裂、擦伤、卷曲以及黏着磨屑被拉起的现象，尤其激光-氩弧复合焊熔覆层磨损产物被卷曲、拉起的现象更为明显[7]。这说明，母材以磨粒磨损为主，以黏着磨损为辅；而两种熔覆层以黏着磨损为主，以磨粒磨损为辅。

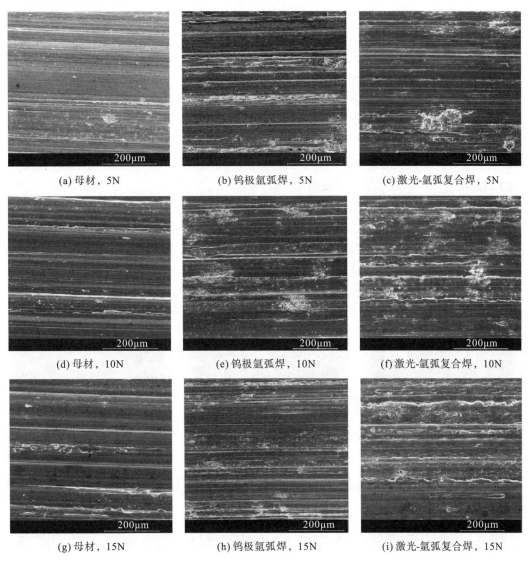

(a) 母材，5N	(b) 钨极氩弧焊，5N	(c) 激光-氩弧复合焊，5N
(d) 母材，10N	(e) 钨极氩弧焊，10N	(f) 激光-氩弧复合焊，10N
(g) 母材，15N	(h) 钨极氩弧焊，15N	(i) 激光-氩弧复合焊，15N

图 6-20 不同摩擦载荷下的磨痕形貌

通常而言，硬度越高耐摩擦性能越好，但这需要以相同摩擦磨损机制为前提，钨极氩弧焊熔覆层与激光-氩弧复合焊熔覆层磨损机制一样，且激光-氩弧复合焊熔覆层的硬度较高，因此其摩擦学性能较好。

钨极氩弧焊熔覆层的硬度低于母材的硬度 $10HV_{0.05}$ 以上，但母材的摩擦因数较高，摩擦学性能较差，其原因是摩擦磨损机制不同。钨极氩弧焊熔覆层比母材质软，在磨损过程中塑性变形较大，比熔覆层易发生黏着磨损；而母材硬度比钨极氩弧焊熔覆层高，因此更易发生磨粒磨损。但激光-氩弧复合焊熔覆层与母材的硬度相差不大，却发生黏着磨损，这说明激光与电弧的复合焊接不仅可以提高镁合金的硬度，并且不会改变焊接后材料的塑性变形能力，因此激光-氩弧复合焊熔覆层的摩擦因数最小，摩擦学性能最好。

对摩擦载荷为 5N 时的磨损产物进行能量散射光谱仪(energy dispersive spectrometer, EDS)分析，如图 6-21 所示，各元素的质量分数如表 6-4 所示。从表中可以看出，两种熔覆层和母材均由 O、Mg、Al 元素组成，其中激光-氩弧复合焊熔覆层和钨极氩弧焊熔覆层的 O 元素含量分别为 38.98% 和 39.08%，明显高于母材的 O 元素含量，而 Al 元素含量相差不大。这说明在低载荷情况下，母材不容易被氧化。在摩擦磨损过程中，两种熔覆层和母材与钢球摩擦产生大量的摩擦热，镁合金极易氧化，在大气和高温环境下母材和熔覆层的磨损表面生成大量 MgO，试验过程中起到了一定的润滑作用。由于母材的 O 元素含量比熔覆层少，其磨损表面的 MgO 含量也比熔覆层少，因此摩擦因数比熔覆层高，这说明 MgO 的润滑作用可以提高熔覆层的耐摩擦性能[7]。

母材、激光-氩弧复合焊熔覆层、钨极氩弧焊熔覆层所含 Al 元素含量分别为 3.63%、3.84%、3.68%。Al 元素在高温条件下被氧化，生成 Al_2O_3 等高硬质氧化物，这些氧化物在不断的摩擦过程中从磨损表面脱落形成高硬质颗粒夹持在摩擦副之间，因此在软质摩擦副-母材上产生了沿着滑动方向可见清晰而连续的划伤痕迹，导致母材出现较明显的磨粒磨损现象[7]。

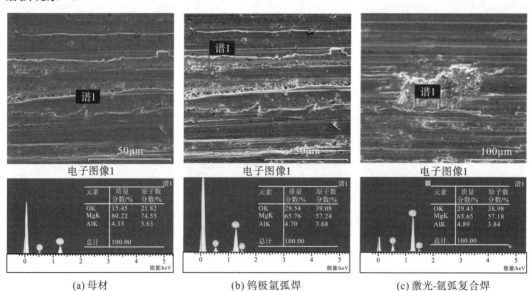

图 6-21　5N 载荷下磨损产物 EDS 分析

表 6-4　5N 载荷下 EDS 元素分析对比(原子数分数)(%)

材料	元素		
	O	Mg	Al
母材	21.82	74.55	3.63
钨极氩弧焊	39.08	57.24	3.68
激光-氩弧复合焊	38.98	57.18	3.84

当摩擦载荷增加到 10N 时,两种熔覆层和母材的摩擦因数曲线逐渐靠近,为了研究其原因,对 10N 载荷下的磨损产物进行 EDS 分析(图 6-22),元素分析如表 6-5 所示。可见,母材、激光-氩弧复合焊熔覆层、钨极氩弧焊熔覆层所含 O 元素含量分别为 50.05%、43.03%、41.18%,所含 Al 元素含量分别为 2.85%、3.88%、4.15%。三者的氧化程度都比 5N 载荷时有所增加,这是因为当载荷增大时,摩擦副与摩擦副之间磨损程度加深,磨损产生的热量也增多,导致磨损产物氧化加重。然而,母材的 O 元素含量增加较多,导致磨损表面 MgO 的产生增多,润滑效果增加,因此母材摩擦因数降低幅度较大。钨极氩弧焊熔覆层的 Al 元素含量达到 4.15% 时,Al_2O_3 含量增多,导致高硬质颗粒增多,增加了出现磨粒磨损的情况。

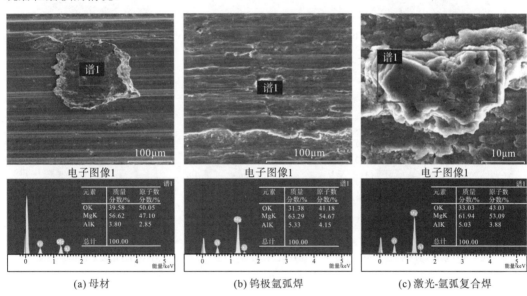

(a) 母材　　　　　　(b) 钨极氩弧焊　　　　　　(c) 激光-氩弧复合焊

图 6-22　10N 载荷下磨损产物 EDS 分析

表 6-5　10N 载荷下 EDS 元素分析对比(原子数分数)(%)

材料	元素		
	O	Mg	Al
母材	50.05	47.10	2.85
钨极氩弧焊	41.18	54.67	4.15
激光-氩弧复合焊	43.03	53.09	3.88

(3)熔覆层磨痕三维形貌及体积对比分析。

不同载荷下两种熔覆层和基体的磨痕三维形貌如图 6-23 所示。由图 6-23(a)～(i)可以看出，两种熔覆层和基体的磨痕宽度与磨痕深度都随摩擦载荷增加而增大，且磨痕表面不平，有明显的犁沟和深坑，基体的磨痕分布平行且连续，磨屑被拉起而产生的深坑分布分散且较为稀疏；而两种熔覆层的磨痕表面犁沟分布相对较细且不连续，深坑分布较密集，进一步证实了基体的磨损机制主要是磨粒磨损，而熔覆层主要是黏着磨损。

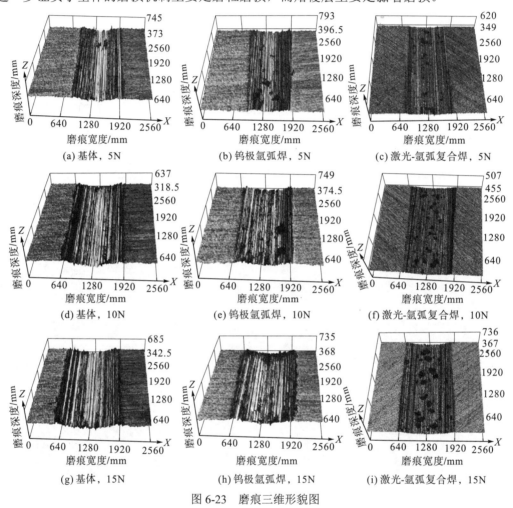

图 6-23 磨痕三维形貌图

在不同摩擦载荷下的磨损体积如图 6-24 和表 6-6 所示，由图中可以看出随着载荷的增大，材料的磨损体积增大，且母材在 5N 载荷和 15N 载荷时的磨损体积均大于两种熔覆层的磨损体积，这是由熔覆层和母材的磨损机制不同而导致的。因为磨粒磨损率较大，比一般黏着磨损大 2～3 个数量级[10]，所以母材的磨损体积较大。而当摩擦载荷为 10N 时，钨极氩弧焊熔覆层的磨损体积大于母材和激光-氩弧复合焊熔覆层，原因在于：①母材磨损表面的 MgO 增多起到了润滑作用，使母材磨损率下降；②钨极氩弧焊熔覆层 Al 元素含量较多，达到 4.15%，导致高硬质颗粒增多，磨粒磨损现象增多，磨损体积增加。

由表 6-6 可以看出，通过计算不同摩擦载荷下的平均磨损体积，母材的平均磨损体积

为 $21.14 \times 10^7 \mu m^3$，是激光-氩弧复合焊熔覆层的 1.16 倍，是钨极氩弧焊熔覆层的 1.08 倍，这与摩擦因数试验相符。由于熔覆层与母材磨损机制的不同，熔覆层以黏着磨损为主，母材以磨粒磨损为主。通过磨损体积的比较，可以明显发现激光-氩弧复合焊熔覆层的摩擦学性能优于钨极氩弧焊熔覆层和母材的摩擦学性能，激光-氩弧复合焊技术对提高熔覆层的耐摩擦性能效果显著。

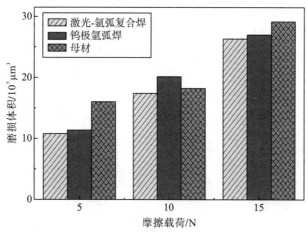

图 6-24 不同摩擦载荷下的磨损体积

表 6-6 不同摩擦载荷下磨损体积测量值对比

材料	磨损体积/$10^7\mu m^3$			
	5N	10N	15N	平均值
母材	16	18.24	29.17	21.14
钨极氩弧焊	11.37	20.15	26.98	19.5
激光-氩弧复合焊	10.79	17.42	26.33	18.18

3)熔覆层耐腐蚀性对比分析

(1)熔覆层盐雾腐蚀性能对比分析。

图 6-25 为熔覆层和母材在不同时刻的盐雾腐蚀宏观形貌。从图中可知,在腐蚀前(0h)观察熔覆层与母材表面发现,激光-氩弧复合焊和母材的试样表面光滑,无气孔、裂纹等缺陷存在；而钨极氩弧焊试样表面存在搭接偏离而出现的深坑。经 2h 盐雾腐蚀后,钨极氩弧焊试样的深坑处出现了白色絮状的腐蚀产物；其余两种试样有少量点状腐蚀,但腐蚀不明显。4h 后观察试样腐蚀情况发现钨极氩弧焊的深坑处腐蚀产物有所增加；而其他两种试样变化不明显。8h 腐蚀后,钨极氩弧焊试样深坑处腐蚀产物增加明显,且表面比放入前发暗,周边出现其他点蚀现象；母材点蚀现象有所增加,而激光-氩弧复合焊腐蚀变化不明显。经 12h 腐蚀后,钨极氩弧焊试样深坑已被腐蚀产物覆盖,腐蚀向深坑周边扩展；母材与激光-氩弧复合焊试样点蚀明显增多,程度加重。经 24h 腐蚀后,钨极氩弧焊腐蚀最为严重,表面被腐蚀产物所覆盖,腐蚀向更深处扩散,深坑位置存在大量的腐蚀产物,较为松散,说明试样已经受到很严重的腐蚀；母材与激光-氩弧复合焊随腐蚀程度加深,点蚀增加,但比钨极氩弧焊腐蚀情况要轻得多。

图 6-26 为母材和两种熔覆层在不同时刻的单位面积增重曲线。通过测量不同时刻各盐雾腐蚀试样增重情况，比较各试样不同时刻的单位面积增重值(测量结果与试样表面积之比)，单位面积增重越大说明试样的耐盐雾腐蚀能力越差。从图中可以看出，各试样随着盐雾腐蚀时间的增加，单位面积增重值均呈现上升趋势，腐蚀情况随时间增加逐渐加重。2h 时各试样单位面积增重情况基本相当，数值相差不大；8h 前母材和激光-氩弧复合焊试样增重不明显，8h 后单位面积增重随时间呈现增大趋势。其中，钨极氩弧焊试样单位面积增重最大，其次是母材试样，激光-氩弧复合焊试样增重最小。可见，激光-氩弧复合焊的耐盐雾腐蚀能力最优。由于钨极氩弧焊在焊接过程中容易产生咬边和搭接偏离，熔覆层搭接量不足出现深坑缺陷，在盐雾腐蚀过程中，深坑处首先发生腐蚀，并向熔覆层周边扩展，导致钨极氩弧焊熔覆层的耐腐蚀性能较差。而激光-氩弧复合焊由于激光的牵引和电弧叠加，熔覆层成形性良好，无上述缺陷产生，因此耐腐蚀性能较好。

(a) 0h   (b) 2h

(c) 4h   (d) 8h

(e) 12h   (f) 24h

图 6-25　不同时刻的盐雾腐蚀宏观形貌

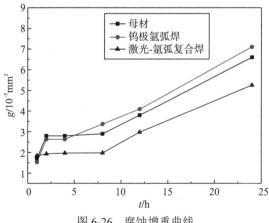

图 6-26　腐蚀增重曲线

(2)熔覆层电化学腐蚀性能对比分析。

图 6-27 为母材、钨极氩弧焊熔覆层、激光-氩弧复合焊熔覆层在 3.5%NaCl 溶液中的极化曲线。从图中可知，母材的自腐蚀电位为-1.28019V，钨极氩弧焊熔覆层的自腐蚀电位为-1.16579V，激光-氩弧复合焊熔覆层的自腐蚀电位为-1.08451V，可见腐蚀电位明显增加。因此，激光-氩弧复合焊熔覆层的耐腐蚀性能明显优于母材和钨极氩弧焊熔覆层。

Mg 的腐蚀反应分为以下几部分。

阳极反应：

$$Mg \longrightarrow Mg^{2+} + 2e^- \tag{6-1}$$

阴极反应：

$$2H_2O + 2e^- \longrightarrow H_2\uparrow + 2OH^- \tag{6-2}$$

腐蚀产物：

$$Mg^{2+} + 2OH^- \longrightarrow Mg(OH)_2 \tag{6-3}$$

在电化学试验过程中，随着电压的增加，镁合金逐渐以 Mg^{2+} 的形式溶解，阳极反应如式(6-1)所示；而在阴极反应中，母材和熔覆层的电极电位均小于氢反应的电极电位，因此阴极反应均为析氢过程，反应机制如式(6-2)所示。随着 Mg^{2+} 的溶解，母材与熔覆层表面出现了点蚀现象，腐蚀严重的地方出现腐蚀深孔，而表面析出的腐蚀产物以 $Mg(OH)_2$ 为主。

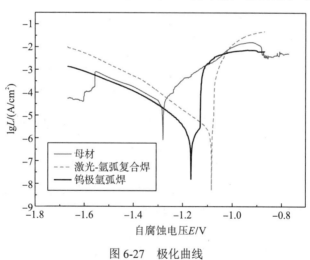

图 6-27　极化曲线

L 为自腐蚀电流

进一步分析激光-氩弧复合焊熔覆层耐电化学腐蚀和耐盐雾腐蚀的原因：①晶粒越小，耐腐蚀性能越好。研究表明[11]，通过采用适当手段减小镁合金的晶粒尺寸，提高组织的均匀性，可以起到钝化效应，使腐蚀电流减小 2~3 个数量级。激光-氩弧复合焊熔覆层焊接过程中快速凝固，其晶粒尺寸明显小于母材，因此熔覆层耐腐蚀性能明显提高。②β 相含量较少时耐腐蚀性能将有所提高[12]。$(\alpha+\beta)$ 复合相的耐腐蚀性能要小于 α 相的耐腐蚀性能，β 相含量越高，越容易产生 $(\alpha+\beta)$ 复合相合金，降低镁合金的耐腐蚀性能。激光-氩弧复合焊熔覆层的 β 相比母材少，因此这也是提高熔覆层耐腐蚀性能的原因之一。③杂质元素 Fe、Cu、Ni 含量较少。相对母材而言，焊丝所含的 Fe、Cu、Ni 等杂质元素较少，导致熔覆层中所含有的上述元素也少于母材。Fe 不能固溶于 Mg 中，游离分布在晶界上，降低了镁合金的耐腐蚀性能；而 Ni 元素和 Cu 元素容易与 Mg 生成金属间化合物，降低耐腐蚀性能，提高了镁合金的腐蚀速率。镁合金本身的电极电位较低，容易与上述杂质元素形成较大的电极差，产生严重的腐蚀现象。而熔覆层中的杂质元素含量比母材少，这是激光-氩弧复合焊熔覆层的耐腐蚀性能优于母材的一个原因。④Mn 元素含量较高时耐腐蚀性能较好[13]。从焊丝和母材的成分可知，焊丝中 Mn 元素含量略高于母材，因此激光-氩弧复合焊熔覆层耐腐蚀性能优于母材。

钨极氩弧焊熔覆层的耐腐蚀性能比激光-氩弧复合焊熔覆层差的原因主要是：焊接过程中钨极氩弧焊熔覆层中存在部分气孔和深坑，降低了耐腐蚀性能，而通过激光牵引和电弧压力的搅拌，激光-氩弧复合焊熔覆层中并无气孔、深坑的焊接缺陷，明显提高了激光-氩弧复合焊熔覆层的耐腐蚀性能。另外，相对于激光-氩弧复合焊熔覆层，钨极氩弧焊熔覆层的 β 相含量略多，这是激光-氩弧复合焊熔覆层耐腐蚀性能优于钨极氩弧焊熔覆层的另一个原因。

参 考 文 献

[1] Steen W M, Eboo M. Arc augmented laser welding[J]. Metal Construction, 1979, 11(7): 332-333, 335.

[2] 全亚杰. 镁合金激光焊的研究现状及发展趋势[J]. 激光与光电子学进展, 2012, 49(5): 5-15.

[3] 王红英, 李志军. 焊接工艺参数对镁合金 CO_2 激光焊焊缝表面成形的影响[J]. 焊接学报, 2006, 27(2): 64-68.

[4] 许良红, 彭云, 田志凌, 等. 激光-MIG 复合焊接工艺参数对焊缝形状的影响[J]. 应用激光, 2006, 26(1): 5-9.

[5] 张林杰, 张建勋, 曹伟杰, 等. 工艺参数对 304 不锈钢脉冲 Nd: YAG 激光/TIG 电弧复合焊焊缝成形的影响[J]. 焊接学报, 2011, 32(1): 33-36, 114-115.

[6] 刘西洋, 孙凤莲, 王旭友, 等. Nd: YAG 激光+CMT 电弧复合热源平焊工艺参数对焊缝成形的影响[J]. 哈尔滨理工大学学报, 2010, 15(6): 107-111.

[7] 姚巨坤, 王之千, 王晓明, 等. ZM5 镁合金 TIG 焊再制造熔敷层组织与力学性能[J]. 中国表面工程, 2015, 28(4): 113-120.

[8] 黄万群, 谷立娟, 王新. 镁合金焊接技术的研究现状[J]. 热加工工艺, 2010, 39(17): 183-185.

[9] Asahina T, Tokisue H. Electron beam weldability of pure magnesium and AZ31 magnesium alloy[J]. Journal of Japan Institute of Light Metals, 2000, 50(10): 512-517.

[10] 布尚 B, 摩擦学导论[M]. 葛世荣, 译. 北京: 机械工业出版社, 2007.

[11] Makar G L, Kruger J, Sieradzki K. Repassivation of rapidly solidified magnesium-aluminum alloys[J]. Journal of the Electrochemical Society, 1992, 139(1): 47-53.

[12] Mordike B L, Ebert T. Magnesium properties-applications-potential[J]. Materials Science and Engineering: A, 2001, 302(1): 37-45.

[13] 范刘群, 李明照, 李晓艳, 等. AZ91 铸态镁合金中 Mn 含量对其微观组织及耐蚀性能的影响[J]. 材料保护, 2014, 47(7): 52-56, 8.

第7章　磁场-激光复合熔覆成形

7.1　基本原理

　　磁场-激光复合熔覆成形设备主要包括激光发生系统和旋转磁场发生装置两部分，其示意图如图7-1所示，将待熔覆基体置于环形磁场内的工作台上，利用JJ-D-400型Nd：YAG固体脉冲激光器进行熔覆成形试验，同时利用自行设计的环形旋转磁场对激光熔池进行磁场搅拌作用。环形旋转磁场原理如图7-2所示，由三对高导磁率半封闭C形铁磁回路和围绕在铁芯上的线圈构成，装入铝合金壳体中。三对高导磁率半封闭C形铁磁回路为一体式结构，中心存在空心圆环，用于放置熔覆成形平台。工作时，向三组线圈中通入三相交流电，即可产生旋转磁场。通过控制电流和频率的大小，即可控制磁场的强度及转速。

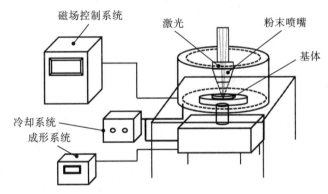

图 7-1　磁场辅助激光熔覆工作原理图

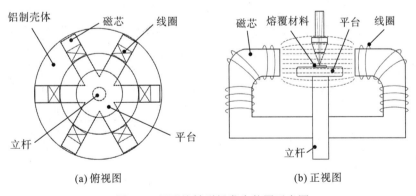

(a) 俯视图　　　　　　　　　　　(b) 正视图

图 7-2　环形旋转磁场发生装置示意图

　　其设备实物图如图7-3所示，主要由激光器及送粉装置、磁场控制系统及环形磁场发生装置、三维可旋转水冷成形工作平台以及冷却系统组成，其特点是能够在水平方向上产生均匀稳定且强度、方向可调的旋转磁场，适用于各种复杂零件的熔覆成形，且成形效率较高。

(a) 熔覆系统   (b) 磁场控制系统

图 7-3 磁场辅助激光熔覆设备实物图

成形时，将待熔覆的基体置于环形搅拌磁场内，使之在熔覆成形过程中持续受到磁场力的搅拌作用。采用设定的工艺参数，同轴送粉的固体激光器垂直于基体表面，通过机器人控制往复运动进行单道熔覆或多道、多层熔覆成形，其中搭接量为 30%~50%。熔覆过程中使用侧吹氩气对熔池进行保护。

7.2 成 形 工 艺

7.2.1 成形工艺对熔覆层形貌的影响

1) 激光功率对单道熔覆层的影响

选取基体为 5083 铝合金，成形粉体材料为 $Al_{86}Ni_6Y_{4.5}Co_2La_{1.5}$，表 7-1 为不同激光功率下所测得的熔覆层熔高、熔宽、熔深、非晶相含量以及缺陷比例。由图 7-4、图 7-5 可以看出，随着激光功率的逐渐增大，熔覆层熔高先增大后减小，熔宽逐渐增大且增幅趋于零，熔深不断增加，非晶相含量逐渐减小，而缺陷比例呈现先减小后增加的趋势。

表 7-1 不同激光功率下熔覆层成形性及非晶相含量

编号	激光功率/W	熔高/μm	熔宽/μm	熔深/μm	非晶相含量/%	缺陷比例/%	综合评分
1#	1400	177.5	2597.0	857.5	36.5	1.62	0.3
2#	1600	376.2	2815.2	979.2	32.0	1.23	0.358
3#	1800	637.9	3050.3	1193.1	31.0	0.74	0.513
4#	2000	445.9	3205.3	1334.4	15.6	0.63	0.294
5#	2200	345.8	3226.4	1528.3	0	0.98	-0.124

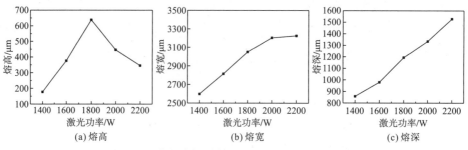

图 7-4 激光功率对熔覆层几何尺寸的影响规律

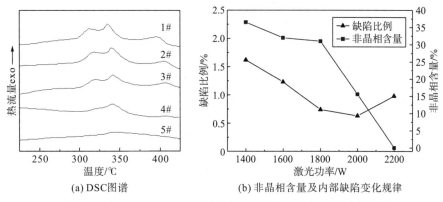

(a) DSC图谱　　　　　　　　(b) 非晶相含量及内部缺陷变化规律

图 7-5　激光功率对熔覆层非晶相含量及内部缺陷的影响规律

DSC: differential scanning calorimetry，差示扫描量热法

从激光输入粉末及熔池的能量方面考虑，当激光功率较小时，熔覆粉末未能全部熔化堆积，因此熔高较低，而且由于光斑直径不变，功率较小时则激光功率密度较小，导致输入熔池的能量较少，熔宽熔深均较小。此时，由于熔池整体尺寸较小，散热较快，且元素烧损较少，熔池成分与粉末成分相接近，非晶相含量较高，但由于部分粉末未完全熔融以及熔池流动不充分，气孔、裂纹等缺陷较多。随着激光功率的增加，熔融粉末数量以及输入熔池能量逐渐增加使得熔高、熔宽和熔深均不断增加，但是由于送粉速率不变，激光功率增加到一定值时熔高达到最大值，当激光功率继续增加时，输入粉末能量过大导致粉末烧损严重，因此熔高反而呈现下降趋势，而由于输入熔池的能量逐渐增加，熔深不断增加，此时熔池散热速度减慢，元素烧损严重，导致非晶相含量降低，当功率大于 2200W 时，熔覆层内未检测到非晶相。此时，熔覆层内氧化夹杂等增多使得缺陷比例有所上升。另外，当熔深达到极限时，随着激光功率的进一步增大，会使表面金属汽化而产生等离子体，导致穿透等离子体的激光能量降低，使最终熔覆层成形不稳定，形貌较难控制。

为了综合反映非晶相含量和熔覆层缺陷对熔覆层综合性能的影响，采取综合加权评分的方式分析，其表达式如下：

$$Y = ay_1 + by_2 \tag{7-1}$$

式中，a、b 为加权系数；y_1、y_2 分别为非晶相含量和缺陷比例。

避免造成综合评价不合理的情况，对各指标数据分别进行归一化处理，处理方式如式 (7-2) 所示，使样本数据均分布在 [0,1]。

$$x_k = \frac{x_k - x_{min}}{x_{max} - x_{min}} \tag{7-2}$$

本试验所测量的缺陷比例不能完全反映所制备覆层的质量优劣，因此将非晶相含量的加权系数 a 设为 0.65，缺陷比例的加权系数 b 设为 0.35，并考虑到缺陷越多熔覆层质量越差，所以设定其加权系数为负值，从而得到熔覆层的综合性能评分如下：

$$Y = 0.65y_1 + 0.35y_2 \tag{7-3}$$

利用上述方法对不同激光功率所制备的熔覆层进行综合评价，如表 7-1 所示，当激光功率为 1800W 时，熔覆层综合性能最优，且成形性良好。因此，工艺优化后所选择的激光功率为 1800W。

2）扫描速度对单道熔覆层的影响

表 7-2 为不同扫描速度下所测得的熔覆层熔高、熔宽、熔深、非晶相含量以及缺陷比例。由图 7-6 和图 7-7 可以看出熔高、熔宽及熔深均随着扫描速度的增大而减小，非晶相含量则逐渐增大并趋于稳定，熔覆层内部缺陷先小幅增加而后随着扫描速度的增大明显增多。

表 7-2　不同扫描速度下熔覆层成形性及非晶相含量

编号	扫描速度/(mm/min)	熔高/μm	熔宽/μm	熔深/μm	非晶相含量/%	缺陷比例/%	综合评分
6#	200	864.3	3500.7	1402.6	0	0.53	0
7#	250	759.4	3312.1	1295.2	16.8	0.65	0.285
8#	300	637.9	3050.3	1193.1	31.0	0.74	0.528
9#	350	345.9	2761.2	852.1	35.1	1.06	0.536
10#	400	180.3	2691.6	653.1	34.5	2.15	0.289

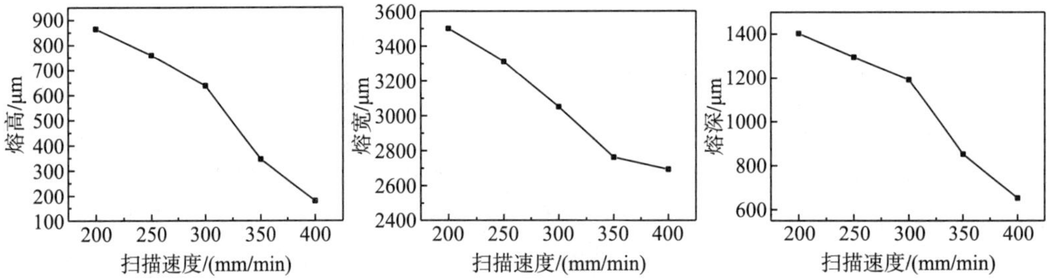

(a) 熔高　(b) 熔宽　(c) 熔深

图 7-6　扫描速度对熔覆层几何尺寸的影响规律

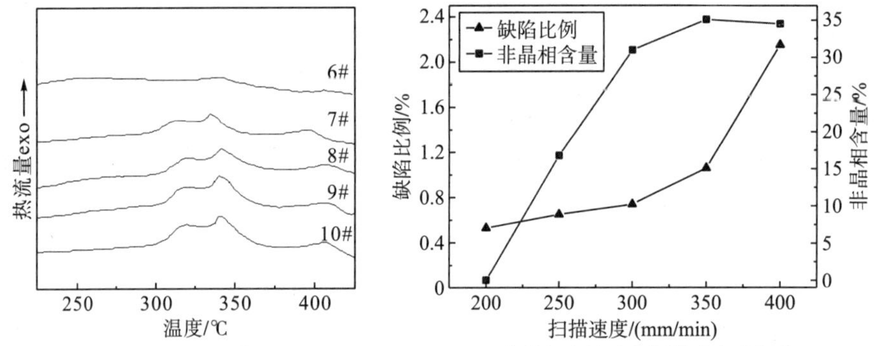

(a) DSC图谱　(b) 非晶相含量及内部缺陷变化规律

图 7-7　扫描速度对熔覆层非晶相含量及内部缺陷的影响规律

随着扫描速度的增大，单位时间内的送粉量以及输入熔池的能量均减小，因此扫描速度是熔覆层成形尺寸的消极因素。而扫描速度的增大使熔池的冷却速度提高，因此一定范围内提高了熔覆层的非晶相含量，此时熔覆层的缺陷较少，整体质量较优，而当扫描速度进一步增大时，粉末熔合质量较差，导致孔隙、夹杂较多，因此熔覆层内部缺陷反而增多。对不同扫描速度所制备的熔覆层进行综合评价，如表 7-2 所示，在扫描速度为 300mm/min 和 350mm/min 时，熔覆层综合评分为 0.528 和 0.536，具有较优的综合性能，而对比熔覆层几何尺寸发现当扫描速度为 350mm/min 时，熔宽较窄，不利于多道搭接，因此选择优化后的扫描速度为 300mm/min。

3)送粉速率对单道熔覆层的影响

表 7-3 为不同送粉速率下所测得的熔覆层熔高、熔宽、熔深、非晶相含量以及缺陷比例。由图 7-8 可以看出，熔高随着送粉速率的增大而增大，而熔宽和熔深随着送粉速率的增大总体逐渐减小，并当送粉速率增大到一定程度时，三者均趋近于稳定。这是因为送粉速率的增大提高了实际进入金属熔池的粉末量，在一定工艺范围内增加了熔覆层的高度，而由于大量粉末对激光能量的吸收和反射，输入熔池的能量减小，导致熔宽和熔深逐渐减小。当送粉量达到饱和时，熔高、熔宽和熔深均趋近于稳定。

表 7-3　不同送粉速率下熔覆层成形性及非晶相含量

编号	送粉速率/(g/min)	熔高/μm	熔宽/μm	熔深/μm	非晶相含量/%	缺陷比例/%	综合评分
11#	6	350.6	3265.1	1306.2	26.6	0.46	0
12#	6.5	482.9	3112.5	1252.9	29.1	0.67	0.240
13#	7	637.9	3050.3	1193.1	31.0	0.74	0.440
14#	7.5	752.4	3061.2	925.1	32.4	1.36	0.477
15#	8	794.3	3021.6	891.3	31.8	2.28	0.233

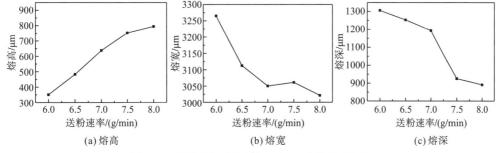

图 7-8　送粉速率对熔覆层几何尺寸的影响规律

由图 7-9 可以看出熔覆层非晶相含量随送粉速率的增大而总体增加，并趋于稳定，而缺陷比例不断增加。这是由于过量粉末堆积导致熔合质量降低，在熔覆层尺寸增加的同时形成了疏松多孔的形貌，导致缺陷比例增加。对不同送粉速率所制备的熔覆层进行综合评价，如表 7-3 所示，在送粉速率为 7.5g/min 时熔覆层具有较优的综合性能，且成形性较好，因此选择优化后的送粉速率为 7.5g/min。

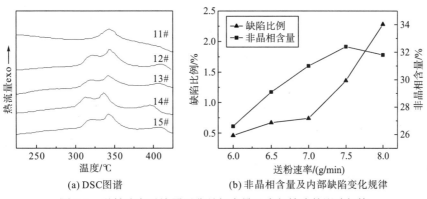

图 7-9　送粉速率对熔覆层非晶相含量及内部缺陷的影响规律

4) 励磁电流对单道熔覆层的影响

表 7-4、图 7-10 和图 7-11 为不同励磁电流下所测得的熔覆层熔高、熔宽、熔深、非晶相含量以及缺陷比例。由图 7-10、图 7-11 可以看出，励磁电流对熔覆层几何尺寸影响较小，非晶相含量随着励磁电流的增大而总体增加，且均在 25% 以上，而内部缺陷则呈现先减小后增加的趋势，且均在 1.5% 以下。这是因为外加的搅拌磁场对粉末(主要成分为 Al，无磁性)的影响较小，未能改变熔融粉末数量，对熔覆层几何尺寸影响较小，而通过增大励磁电流增加了电磁搅拌力，进而增强了熔池内部流体的运动，使得熔覆层成分更加均匀，接近于粉末成分，因此提高了非晶相含量，且有效消除了气孔、裂纹等缺陷，使得熔覆层整体缺陷含量降低。对不同送粉速率所制备的熔覆层进行综合评价，如表 7-4 所示，在励磁电流为 30A 时熔覆层具有较优的综合性能，且成形性较好，因此选择优化后的励磁电流为 30A。

表 7-4 不同励磁电流下熔覆层成形性及非晶相含量

编号	励磁电流/A	熔高/μm	熔宽/μm	熔深/μm	非晶相含量/%	缺陷比例/%	综合评分
16#	10	638.3	3071.4	964.0	26.8	1.31	-0.35
17#	20	668.7	3068.6	1024.9	28.3	0.86	0.148
18#	30	637.9	3050.3	1193.1	31.0	0.74	0.621
19#	40	588.5	3059.0	1015.2	30.6	0.76	0.549
20#	50	694.3	3021.6	891.3	31.2	0.90	0.552

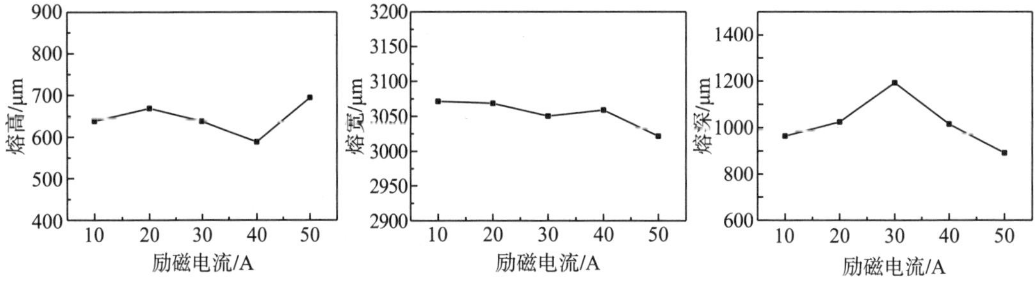

(a) 熔高　　(b) 熔宽　　(c) 熔深

图 7-10 励磁电流对熔覆层几何尺寸的影响规律

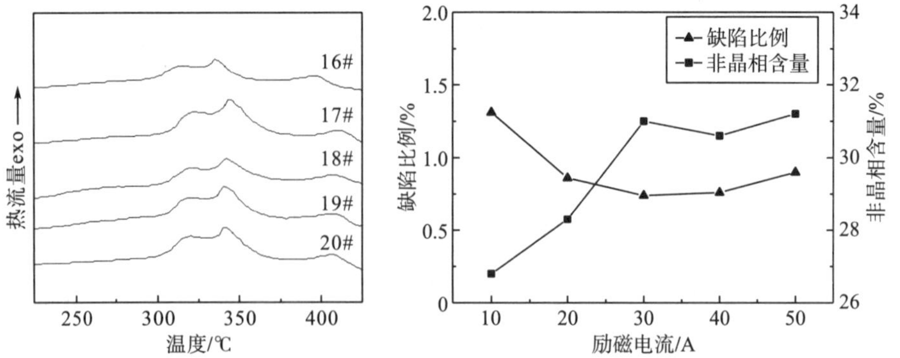

(a) DSC图谱　　(b) 非晶相含量及内部缺陷变化规律

图 7-11 励磁电流对熔覆层非晶相含量及内部缺陷的影响规律

5) 励磁频率对单道熔覆层的影响

表 7-5 为不同励磁电流下所测得的熔覆层熔高、熔宽、熔深、非晶相含量以及缺陷比例。由图 7-12、图 7-13 可以看出，随着励磁频率的增大，熔高略有减小，熔宽和非晶相含量有所增大，熔深有所波动，但范围不大，而缺陷比例基本保持不变。

表 7-5 不同励磁频率下熔覆层成形性及非晶相含量

编号	励磁频率/Hz	熔高/μm	熔宽/μm	熔深/μm	非晶相含量/%	缺陷比例/%	综合评分
21#	15	658.1	3459.1	971.0	27.1	0.93	-0.350
22#	20	668.7	3065.9	1115.0	29.2	0.82	0.202
23#	25	637.9	3050.3	1193.1	31.0	0.74	0.650
24#	30	590.9	3271.6	949.1	30.6	0.77	0.528
25#	35	532.8	3165.9	1115.0	30.5	0.80	0.456

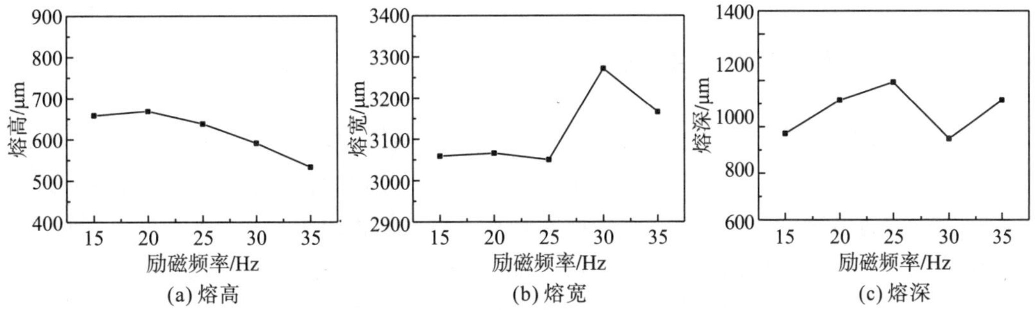

(a) 熔高　　　　　(b) 熔宽　　　　　(c) 熔深

图 7-12 励磁频率对熔覆层几何尺寸的影响规律

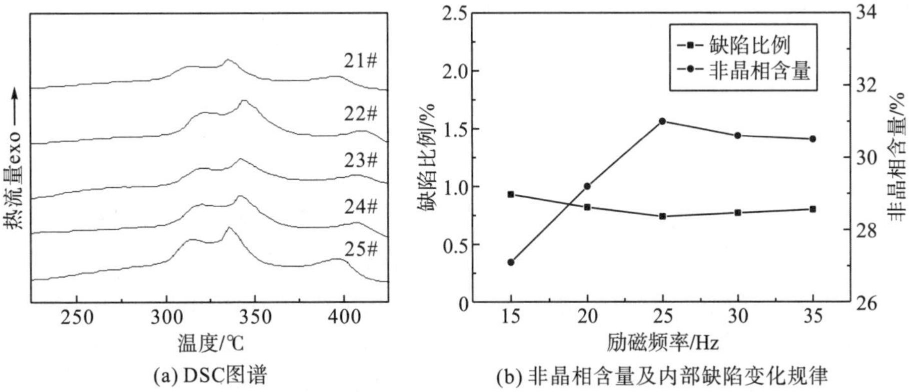

(a) DSC图谱　　　　　(b) 非晶相含量及内部缺陷变化规律

图 7-13 励磁频率对熔覆层非晶相含量及内部缺陷的影响规律

根据旋转磁场对熔池的作用机理可知，熔池会跟随旋转磁场做相对滞后的旋转运动，因此旋转磁场频率增加后，熔池的旋转运动速度会相应增大。再加上熔池本身由于热输入引起的对流，其整体流动情况如图 7-14 所示，不仅降低了熔池的温度梯度，促进了熔池成分的均匀化，一定范围内还促进了熔池的散热，因此随着磁场频率的增加非晶相含量和熔覆层质量均有所提高。而当励磁频率进一步增加时，磁场的过度搅拌会使熔池产生过偏析，进而影响熔覆层的非晶相含量和质量。对不同励磁频率下所制备的熔覆层进行综合评价，如表 7-5 所示，在励磁频率为 25Hz 时熔覆层具有较优的综合性能，且成形性较好，因此选择优化后的励磁频率为 25Hz。

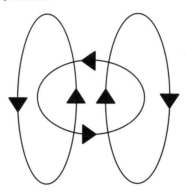

图 7-14　熔池金属流动示意图

7.2.2　成形工艺对组织的影响

熔覆层的性能在微观上主要取决于熔覆层的组织结构，而在熔覆层成形过程中，存在多道搭接和多层叠加的区域，在激光束的作用下，堆积过程中存在着对前道熔覆层的多次扫描，会对前道熔覆层产生重熔、热影响等作用，使得熔覆组织变化更加复杂，进而影响熔覆层的整体性能，因此组织结构表征是分析熔覆层质量优劣的必要手段。

本章采用最优工艺参数以及相同条件，但未加磁场作用，分别制备了相近厚度的熔覆层并以其为研究对象，运用多种现代材料分析技术，研究熔覆成形层内部以及多层堆积与多道搭接之间的组织结构。并测试了熔覆层的显微硬度、残余应力以及抗拉强度等部分力学性能，为制备使役性能优异的 Al 基金属玻璃成形层提供试验基础和理论依据。

1）熔覆层物相分析

图 7-15（a）为外加旋转搅拌作用制备的熔覆层 1 与未加磁场作用的熔覆层 2 以及完全非晶条带的 XRD 图谱。由图 7-15 可知，熔覆层的 X 射线衍射峰由表征非晶相的漫散峰上叠加尖锐的晶化峰组成，经过衍射峰标定后判定其主要由 α-Al 相以及 Al_4NiY 等金属间化合物相组成，而熔覆层 1 比熔覆层 2 漫散射峰强度更高，与图 7-15 粉末的衍射峰相比，物相未发生明显变化。图 7-15（b）为熔覆层 1 与熔覆层 2 的 DSC 扫描图谱，可以看出熔覆层 1 存在三个较为明显的放热峰，其强度比完全非晶条带的晶化放热峰有所降低，而熔覆层 2 本身已发生了严重晶化，且由于该体系的 Al 基金属玻璃过冷液相区过窄且易被晶化信号掩盖，熔覆层 2 只检测到了一个放热峰。根据 $C_{amor} = \Delta H_{coating} / \Delta H_{powder}$ 计算熔覆层的非晶相含量分别为 30.7%和 10.2%，其中 $\Delta H_{coating}$ 为熔覆层的热焓值，ΔH_{powder} 为粉末的热焓值。

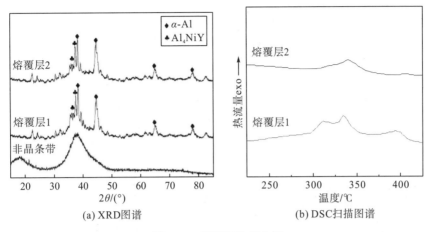

(a) XRD图谱　　　　　　　　　　　(b) DSC扫描图谱

图 7-15　熔覆层物相分析

2) 熔覆层表面形貌

图 7-16 为熔覆层 1 与熔覆层 2 表面金相显微组织。由图可以看出，熔覆层 1 搭接区有深色的块状晶粒沿网状组织交界处形成，局部放大图如图 7-17(a) 所示，其尺寸较小，未发生明显长大。而熔覆层 2 搭接区有长条状枝晶形成，相对于熔覆层内部组织，其尺寸增大明显，局部放大图如图 7-17(b) 所示。

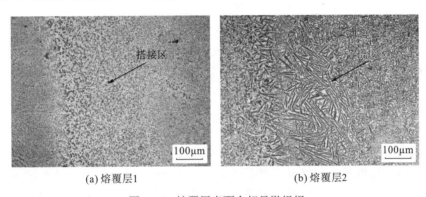

(a) 熔覆层1　　　　　　　　　　　(b) 熔覆层2

图 7-16　熔覆层表面金相显微组织

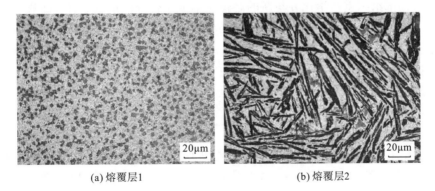

(a) 熔覆层1　　　　　　　　　　　(b) 熔覆层2

图 7-17　熔覆层表面搭接区组织放大图

在搭接区重熔过程中，熔融粉末本身有一定程度的氧化，加之保护气氛难以完全隔离空气中的氧气，因此在搭接区极易形成氧化物夹杂，如图 7-18(b) 所示。而在凝固过程中，搭接区与前道熔覆层结合处由于温度梯度较大，且熔覆层 2 由于本身晶粒尺寸较大，且有一定程度的偏析，极易在结合处已有的枝晶基础上形成金属间化合物并沿着元素偏析区域不断形成长大，形成粗大枝晶组织并沿逆热流方向向搭接区内部生长，最终形成了相互连接贯通整个搭接区的长条状组织。而由于形成的长条状组织脆性较大，在不同位向的晶粒交界处，由于应力较大，长条状组织易断裂产生裂纹并且容易沿着晶界扩展从而形成尺寸较大的裂纹，如图 7-18 所示，严重影响了熔覆层的性能。

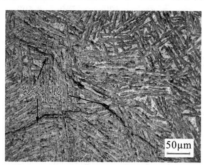 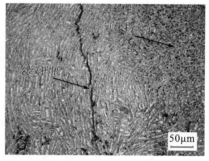

(a) 裂纹扩展　　　　　　　　　　　　　(b) 裂纹扩展及氧化物夹杂

图 7-18　熔覆层 2 搭接区缺陷

在外加旋转磁场搅拌作用后，随粉末带入熔池内的氧化膜等夹杂随着熔池的多方向流动而溢出熔池，进而消除了熔覆层搭接区内部的氧化物夹杂。而在网状组织交界处形成的块状晶粒长大受到明显抑制，因此保持了整个熔覆层组织结构的稳定性。

3) 熔覆层截面形貌

图 7-19 为熔覆层的截面金相显微组织，由图 7-19(b) 可以看出，在第 1 层与基体熔覆过程中，由于熔覆层底部温度梯度大，凝固速度小，形成了一层平面晶组织。而沿着熔池向上，温度梯度减小，凝固速度不断增大，不稳定的平面生长方式转变为稳定的胞状生长方式，最后生长为树枝晶。在随后多层叠加过程中，由于激光的热输入使得已凝固的熔覆层顶部组织重新熔化并与新的熔覆层形成了良好的冶金结合，而靠下的熔覆层组织受到激光扫描的二次热影响作用使得晶粒组织不断长大，并最终形成了贯穿层与层之间的条状晶组织。由图 7-19(a) 可以看出，在施加旋转磁场搅拌作用后，对多层堆积和多道搭接过程中的二次重熔区域组织产生了明显的细化作用，阻止了贯穿层与层之间长条状组织的形成。而由于磁场只能对熔池产生显著影响，对凝固组织影响不大，受激光扫描二次热影响区域的组织会得到不同程度的生长，会对熔覆层性能带来一定的不利影响。

对熔覆层 1 不同区域组织进行划分，如图 7-19(a) 所示，1 处区域为熔覆层顶部组织，2 处区域为前道熔覆层一次重熔区，3 处区域为多道搭接与多层堆积的二次重熔区，4 处区域为熔覆层与基体结合区域，5 处区域为多道搭接与基体结合区域。

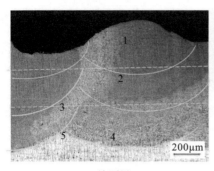
(a) 熔覆层1

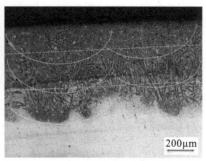
(b) 熔覆层2

图 7-19 熔覆层截面金相显微组织

由图 7-20(a) 可以看出，熔覆层最顶部组织特征与单道熔覆层相似，由衬度较亮的非晶网状结构与包裹的球状 α-Al 颗粒组成。而 2 处区域 (图 7-20(b)) 的一次重熔区组织与熔覆层顶部组织无明显区别，表明在多层叠加过程中，前一层的熔覆层顶部区域再次熔化后由于受到旋转磁场的搅拌作用，有效抑制了成分的偏析和晶粒的长大，使整个熔覆层组织结构较为稳定，有利于多层较大厚度的 Al 基金属玻璃覆层的制备。而在单道多层(8 层)熔覆过程中 (图 7-20(d)) 表现出了同样的结构，同时也可以观察到，在最初熔覆的靠近基体的多层组织中，由于后续多层堆积过程中的二次热影响，加之其只能通过层与层之间传递热量至基体进行散热，散热速度较慢，导致晶粒沿逆热流方向不断长大，并最终形成贯穿多层的细长枝晶组织，如图 7-20(c) 4 处区域组织放大图所示，该细长枝晶组织与熔覆层 2 的二次热影响区 (图 7-21(a)) 产生的长条状枝晶相似，表明旋转磁场的搅拌作用对受二次热影响区的组织产生的影响较小。

在多道搭接与多层堆积过渡的二次重熔区，如图 7-20(e) 3 处区域组织放大图所示，产生了部分沿散热方向生长的枝晶组织，但在旋转磁场的搅拌作用下未发生进一步长大，因此整体组织结构未发生明显改变。而在多道搭接与基体结合区域，如图 7-20(f) 5 处区域组织放大图所示，同样由于激光扫描的二次热影响生成了部分条状和块状枝晶。

对比熔覆层 2 多道搭接的重熔区域，如图 7-21(b) 所示，可以看出搭接区域不仅生成了大量的长条状枝晶，而且在其形核处存在大量的黑色的夹杂物，经 EDS 测试发现氧含量较高，其可能为二次熔覆过程中产生的氧化物。由于熔点较高且冷却速度较快，夹杂物在搭接部位，其会对熔覆层性能产生不利影响。

(a) 1处区域

(b) 2处区域

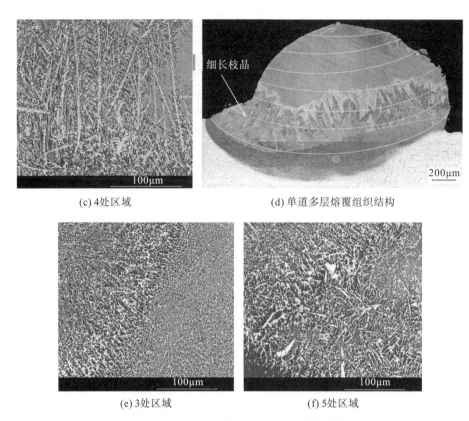

(c) 4处区域

(d) 单道多层熔覆组织结构

(e) 3处区域

(f) 5处区域

图 7-20　熔覆层 1 截面不同区域背散射图像

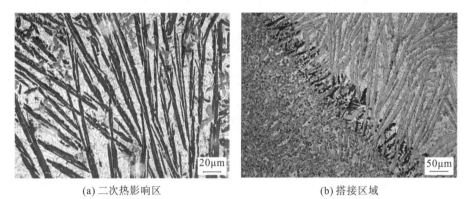

(a) 二次热影响区

(b) 搭接区域

图 7-21　熔覆层 2 截面局部金相显微组织

4) 熔覆层残余应力

激光熔覆层内部残余应力是影响熔覆层内裂纹萌生情况、抗疲劳以及耐腐蚀等性能的关键因素。而熔覆层内的残余应力分布除与熔覆材料本身有关外，还与熔覆时熔池的凝固过程与热量积累等有关[1]。图 7-22 为熔覆层表面沿厚度方向至基体的残余应力分布情况。由图可得，熔覆层的残余应力均表现为拉应力，且均沿厚度方向逐渐增大，基体则主要承受压应力。而熔覆层 1 的残余应力比熔覆层 2 有所降低，且分布波动较小。

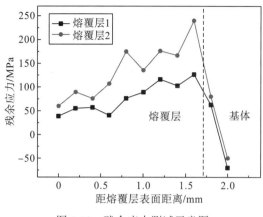

图 7-22　残余应力测试示意图

由熔覆层的热量积累分析可知,熔覆层在堆积成形过程中,后续形成的熔覆层会对已成形熔覆层有热量累积的作用,激光每扫描一次,热量就累积一次,处于底部最先成形的熔覆层受后续熔覆层的热累积效应最强,受影响也最大,而且由于基体温度相对较低,界面结合处熔覆层与基体之间形成较大温度梯度。并且由于熔覆层与基体之间热膨胀系数不同,当熔池部位被急剧加热、迅速膨胀之后,熔覆层与基体又经快速凝固、收缩及冷却,产生收缩变形,而基体相对收缩较小,且熔覆层与基体之间为冶金结合,因而熔覆层表面将受到基体较大的拉应力作用。中间的熔覆层由于受热累积效应影响不同,越晚形成的熔覆层受到的热累积效应影响越弱,因而产生的热应力不断下降。处于最顶层的熔覆层由于受这种热累积效应影响最小,并且与周围环境接触,散热较快,温度梯度相对较小,产生的热应力也相对较小。

结合熔覆层截面显微形貌分析可发现,残余应力的大小以及熔覆层晶粒大小均与熔覆层热量积累程度有关。热量累积效应越强,晶粒长大越明显,热应力也越大,而较大的残余应力以及波动不仅会使熔覆层内粗大的脆性相发生断裂进而产生裂纹,如图 7-18 所示,而且会使局部区域成为腐蚀等损伤的敏感区,进而影响整个熔覆层的性能。

在加入旋转磁场搅拌作用后,一方面能够显著降低熔池的温度梯度,利于残余应力的释放,不仅能够降低界面处的拉应力,而且使整个熔覆层应力分布变化较为均匀。另一方面,能够显著细化组织,减少局部的应力集中。因此,能够减少甚至消除熔覆层内部裂纹,提高熔覆层的整体性能。

7.2.3　成形工艺对性能的影响

1) 熔覆层显微硬度

图 7-23 为熔覆层表面和截面不同位置的显微硬度值。由图 7-23 (a) 可得,熔覆层 1 表面的平均显微硬度值约为 $335HV_{0.1}$,且均在 $300HV_{0.1}$ 以上,最高可达 $355HV_{0.1}$,显微硬度分布较为均匀。熔覆层 2 表面的平均显微硬度值约为 $278HV_{0.1}$,最高为 $300HV_{0.1}$,整个表面的显微硬度分布波动较大。

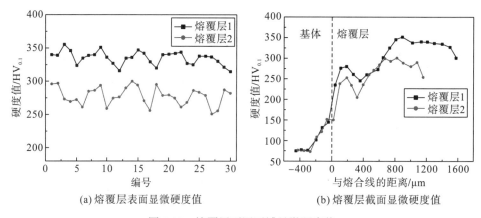

(a) 熔覆层表面显微硬度值   (b) 熔覆层截面显微硬度值

图 7-23　熔覆层不同区域显微硬度值

由图 7-23(b)熔覆层截面显微硬度分布来看，5083 铝合金基体的显微硬度较低，约为 $75HV_{0.1}$，在熔合区附近受成形过程中传热作用影响，显微硬度有所提高。而由熔覆层截面显微组织形貌分析可知，在界面处开始成形时，温度梯度很大，在界面处形成部分粗大柱状晶组织，故显微硬度相对较低。而在最初熔覆的多层组织中，由于受到激光扫描的二次热影响导致长条状枝晶形成，显微硬度有所降低，随着熔覆层组织的细化，显微硬度逐渐升高并趋于稳定，在近表层达到最大值。

对熔覆层的压痕进行进一步分析，如图 7-24 所示，当熔覆层组织以粗大的条状晶为主时，压头的压入导致硬而脆的 Al-Ni-Y(Co，La)金属间化合物相产生裂纹甚至断裂塌陷，从而抑制了硬度的进一步提高，如图 7-24(a)所示；而当压痕位置处于条状晶和 α-Al 相之间时，如图 7-24(b)所示，由于 α-Al 相较软，材料被压头挤出，而另一侧条状晶产生图 7-24(a)中相似的断裂塌陷情况，导致整个压痕偏斜，压痕体积较大，也不利于熔覆层硬度的提高。当压头压入网状非晶组织结构上时，如图 7-24(c)所示，由于非晶相组织本身硬度较高，存在的晶化颗粒细小且均匀分布在软质的 α-Al 相周围，一方面能够分散压头的压力，另一方面在网状非晶组织的连结作用下，提高了整个被压区域协调变形的能力，提高了压痕周围颗粒抵抗被压颗粒的变形能力，而且并没有产生断裂、α-Al 软质相被挤出等现象，能够进一步提高熔覆层的显微硬度及韧性。单独的 α-Al 相较软，压头压入后，如图 7-24(d)所示，导致 α-Al 相产生较大的塑性变形，故基体的显微硬度较低。

(a) 压痕位于长条状晶粒上   (b) 压痕位于条状晶与α-Al相之间

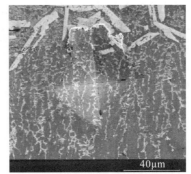

(c) 压痕位于网状非晶结构　　　　　　(d) 压痕位于基体热影响区

图 7-24　熔覆层不同区域压痕 SEM 形貌

结合上述压痕扫描电子显微镜(scanning electron microscope，SEM)形貌，从熔覆层表面和截面显微硬度来看，外加旋转磁场搅拌的熔覆层 1 由于非晶相含量较高且晶粒细化作用明显，显微硬度比未加磁场作用的熔覆层 2 有所提高，平均提高约 57HV$_{0.1}$。而且由于整个熔覆层 1 的组织结构更加均匀稳定，未出现类似于熔覆层 2 的粗大长条状枝晶，熔覆层 1 的显微硬度比熔覆层 2 波动较小。

2) 室温拉伸性能测试与分析

图 7-25 为熔覆层拉伸试样制备示意图，首先将多层多道熔覆层整体从基体上切割下来，然后按照图 7-26 所示尺寸进行加工，进而得到熔覆层拉伸试样并进行拉伸试验。

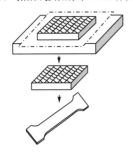

图 7-25　拉伸试样制备示意图　　　　　图 7-26　拉伸试样尺寸示意图(单位：mm)

表 7-6 列出了外加旋转磁场搅拌处理的熔覆层拉伸试样与未加磁场搅拌作用制备的熔覆层拉伸试样以及基体拉伸试样的抗拉强度和伸长率。由表可得，所选用的 5083 铝合金基体拉伸试样平均抗拉强度为 275MPa，平均伸长率为 20.49%。未加磁场搅拌作用的熔覆层拉伸试样平均抗拉强度为 239MPa，为基体拉伸试样的 86.9%，平均伸长率为 2.64%，为基体拉伸试样的 12.9%。而外加旋转磁场搅拌处理的熔覆层拉伸试样平均抗拉强度为 303MPa，为基体拉伸试样的 110.2%，平均伸长率为 6.79%，为基体拉伸试样的 33.1%。

根据显微硬度与强度的关系[2](见式(7-4))，并由前面测得的熔覆层显微硬度可估算出样品的强度为 600～1000MPa。

$$\sigma = HV/3 \tag{7-4}$$

式中，σ 为强度，GPa 或 MPa。

表 7-6　熔覆层拉伸性能对比

试样编号		抗拉强度/MPa	平均值/MPa	与基体的比较/%	伸长率/%	平均值/%	与基体的比较/%
旋转磁场搅拌处理	1-1	306			6.60		
	1-2	289	303	110.2	7.68	6.79	33.1
	1-3	315			6.10		
未加磁场搅拌作用	1-1	253			2.49		
	1-2	246	239	86.9	2.13	2.64	12.9
	1-3	219			3.30		
基体	1-1	274			20.20		
	1-2	270	275	—	19.63	20.49	—
	1-3	281			21.65		

　　而实际测量的熔覆层试样的抗拉强度与理论值有很大差距，而且塑性比基体显著降低。这可能与制备的熔覆层内部缺陷有关，下面结合拉伸试件的拉伸断口形貌进行进一步分析。

　　图 7-27(a)、(b) 为基体试样拉伸断口形貌，由图可知，基体试样的拉伸断口主要由韧窝构成，尺寸较大且较深，基本呈较规则的圆形，韧窝底部有薄片状和颗粒状的第二相粒子，局部出现撕裂棱，表明基体试样的塑性变形能力较好，属于典型的微孔聚集型韧窝断裂。图 7-27(c)、(d) 为外加旋转磁场搅拌处理的熔覆层 1 拉伸试样断口形貌，可以看出，主要由小而浅的韧窝构成，在拉伸过程中，球状 α-Al 相塑性变形形成微孔，但由于周围网状非晶相与金属间化合物的阻隔使得微孔难以聚集长大，形成的韧窝尺寸相对较小且较浅，而韧窝周围出现了解理平台和沿晶断裂的特征，主要是由于网状非晶相与金属间化合物的脆性断裂引起的。表明拉伸试验过程中经历了韧性断裂与准解理断裂，属于混合型断裂，在拉伸过程中接头表现出一定的塑性，但塑性相对基体试样明显降低。图 7-27(e) 为未加磁场作用的熔覆层 2 拉伸试样断口形貌，可以看出，断口起伏较大，结构分化严重，局部区域存在少量较浅的韧窝，而另外的区域放大图如图 7-27(f) 所示，该区域存在大量晶粒尺寸大小的解理平面以及不同高度相互平行的解理面组成的台阶，表现为解理断裂的特征。因此，熔覆层 2 拉伸试样的塑性比基体显著降低。

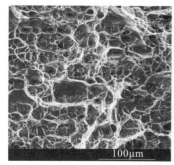 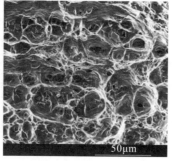 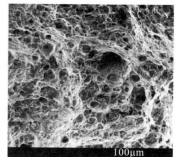

(a) 基体试样断口形貌　　　　　(b) 基本试样断口局部放大形貌　　　　　(c) 熔覆层1试样断口形貌

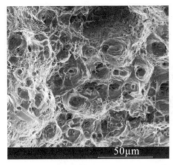

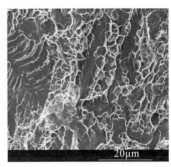

(d) 熔覆层1试样断口局部放大形貌　　　(e) 熔覆层2试样断口形貌　　　(f) 熔覆层2试样断口局部放大形貌

图 7-27　拉伸断口 SEM 形貌

由上述分析可知熔覆层 2 试样的断裂形式主要以解理断裂为主,而从图 7-28(a)、(b)中可以看出,在拉伸过程中,一方面试样边缘存在的金属间化合物脆性相得不到有效支撑,极易在拉伸过程中脆性断裂而剥离材料从而造成缺陷,另一方面熔覆层内的夹杂物会造成局部应力集中,裂纹则从试样边缘缺陷处开始萌生,并沿着晶界和缺陷处向试样内部迅速扩展,因此导致拉伸试样迅速断裂破坏,严重影响了试样抗拉强度的提高。

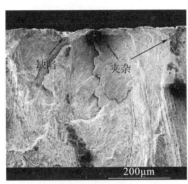
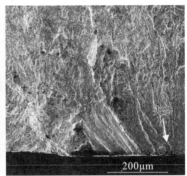

(a) 熔覆层2试样断口形貌　　　　　　　　(b) 熔覆层2试样断口局部放大形貌

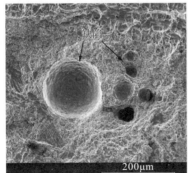
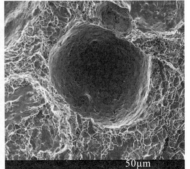

(c) 熔覆层1试样断口形貌　　　　　　　　(d) 熔覆层1试样断口局部放大形貌

图 7-28　熔覆层拉伸断口 SEM 形貌

外加旋转磁场搅拌作用对熔覆层晶粒的细化作用、对杂质的净化作用以及形成的网状非晶组织结构能够有效阻碍裂纹的萌生和扩展,因此抗拉强度比熔覆层 2 和基体有所提高。但在观察熔覆层 1 试样拉伸断口形貌时发现局部区域存在如图 7-28(c)所示的半球形凹坑，其放大图如图7-28(d)所示，表面平滑，未发现韧窝、撕裂棱等断裂特征，其可能是在熔覆过程中冷却速率过快导致熔池内的气体来不及溢出而形成的气孔。而从气孔周围的断口形貌来看，存在大量的解理小面，表明其主要以解理断裂为主。因此，可以认为，这些气孔的存在不仅会造成局部区域的应力集中，而且改变了熔覆层试样的断裂形式，使其局部区域极易发生脆性断裂进而影响整个拉伸试样的抗拉强度。

参 考 文 献

[1] 任维彬, 董世运, 徐滨士, 等. Fe314合金激光熔覆层的应力分布规律[J]. 中国表面工程, 2013, 26(3): 58-63.

[2] Chen H S. Thermodynamic considerations on the formation and stability of metallic glasses[J]. Acta Metallurgica, 1974, 22(12): 1505-1511.

第8章 磁场-电弧复合熔覆成形

8.1 基 本 原 理

磁场-电弧复合熔覆成形系统及原理图如图 8-1 所示。外加磁场由安装在焊枪上的励磁线圈产生，线圈内部放置铁芯以增强磁感应强度，铁芯伸出长度可以根据工况的不同进行调整，如图 8-2 所示。磁力线与电弧轴线平行，励磁电流为交流脉冲电流，其磁感应强度和频率通过励磁电源控制。

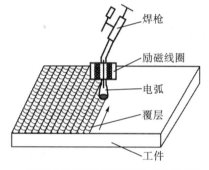

(a) 纵向磁场控制熔覆焊接成形系统   (b) 纵向磁场控制熔覆焊接成形原理图

图 8-1　纵向磁场控制熔覆焊接成形系统及其原理图

(a) 铁芯伸出长度为3mm   (b) 铁芯伸出长度为6mm

图 8-2　带铁芯结构的励磁线圈

本节选用在 6061 铝合金板材上开展熔覆试验说明磁场-电弧复合熔覆成形工艺过程，焊丝选用 ER5356 铝合金，直径为 1.2mm，母材及焊丝化学成分如表 8-1 所示。

表 8-1　母材及焊丝化学成分（质量分数）（%）

材料	Si	Fe	Cu	Mn	Mg	Cr	Zn	Ti	Al
6061	0.4~0.8	0.7	0.15~0.4	0.15	0.8~1.2	0.04~0.35	0.25	0.15	余量
ER5356	0.25	0.1	0.1	0.05~0.2	4.5~5.5	0.05~0.2	0.1	—	余量

8.1.1 纵向磁场对电弧运动行为的影响

为更能清楚地研究磁场对电弧的影响,使用高速摄像机研究磁场条件变化时电弧的形态。图 8-3 是在给定送丝速度为 12m/min、弧长修正为 30%、磁场频率为 10Hz 时,不同励磁电流(0~30A)条件下高速摄影机所采集到的 MIG 焊电弧形态。

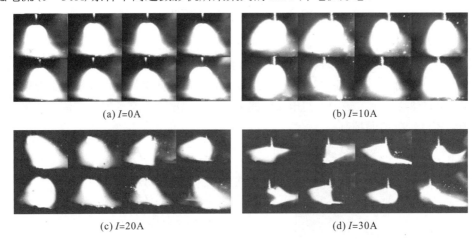

(a) I=0A   (b) I=10A

(c) I=20A   (d) I=30A

图 8-3　交变纵向磁场作用下电弧形态

从图 8-3(a)中可以看到,在没有外加纵向磁场作用时,自由电弧稳定燃烧,电弧轴线与电极轴线相重合,电弧是以焊丝轴线为对称轴呈左右对称的钟罩状光亮区,烁亮区比较明亮,电弧随着脉冲焊接电流的变化在小范围内不断扩张和收缩,明亮的弧柱在靠近熔池表面处逐渐扩展直径,且电弧覆盖了整个熔池液面。由图 8-3(b)、(c)可见,当焊接过程外加纵向磁场后,具有横向速度的带电粒子在纵向磁场作用下进行旋转,从而促使电弧围绕焊丝轴线做逆时针和顺时针交替变化的旋转运动,同时焊接电弧外形发生了明显变化,电弧向外扩张,且电弧轴线偏离焊丝轴线,不再以焊丝轴线为中心呈对称分布;随着励磁电流的增加,磁感应强度增加,带电粒子所受的洛伦兹力也增大,使电弧的旋转半径增大,电弧偏离焊丝轴线的角度增大,电弧烁亮区域面积减小;但是,当励磁电流过大时(I=30A),如图 8-3(d)所示,电弧中带电粒子受到的洛伦兹力较大,带电粒子偏离焊丝轴线距离较大,电弧旋转半径增大,电弧燃烧开始变得不稳定,甚至在焊接过程中引起燃烧中断,使焊接过程变得不稳定,焊接质量变差。

由于电弧的烁亮区是带电粒子集中的区域,由图 8-3 分析可知,在纵向磁场的作用下,带电粒子在径向分布不均匀,电弧中心区域带电粒子浓度较低,边缘带电粒子浓度较高。其主要原因是旋转运动的离心力促使带电粒子向弧柱边缘区域汇集,磁感应强度越大,电弧旋转速度越大,带电粒子向边缘飘移的趋势越明显,导致电弧中心的电流密度减小,边缘区域的电流密度增大;另外,外加纵向磁场焊接时,随着励磁电流增加,电压保持不变,焊接电流减小,其主要原因是电弧中带电粒子在洛伦兹力作用下旋转,带电粒子运动路径由直线变为螺旋线,总的路径增大,相当于传导电流所走的路程增大,即相当于电弧的电阻增加[1]。因此,加入外加纵向磁场后,焊接电流减小,热输入降低,电弧温度分布发生变化，使电弧中心的温度降低，从而引起电弧热流密度、电弧压力等物理量的变化，使电弧中心的温度下降、径向温度梯度减小，电弧中心压力降低，边缘某一区域的压力达到最大。

从图 8-3 中还能得到励磁电流与电弧最大偏转角度的关系，电弧最大偏转角度在使用爱国者 GE-5 型数显显微镜测量电弧旋转时瞬时形态中得到，其结果如图 8-4 所示。由图 8-4 可见，无磁场时，电弧轴线与焊丝轴线重合，偏转角度为 0°，随着励磁电流的增加，电弧偏转角度逐渐增大，当励磁电流为 30A 时，最大偏转角度为 45°，当励磁电流继续增加时，电弧不稳定，甚至引起熄弧，因此在交变纵向磁场作用下，电弧偏离焊丝角度的极限值为 45°。

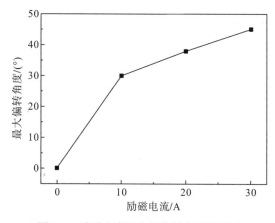

图 8-4 励磁电流对电弧偏转角度的影响

焊接时，在电弧的热作用下母材发生软化行为而使得基体的性能降低。当在纵向磁场作用下焊接时，电弧发生偏转，电弧热流密度在母材表面重新分配，随着励磁电流的增加，电弧偏转角度增大，电弧对基体的热作用深度降低，对基体的热影响程度减少。因此，在纵向磁场作用下，电弧的热作用对母材软化行为的影响减弱，这对提高焊接结构件的可靠性具有重要意义。

8.1.2 纵向磁场作用下熔滴过渡行为分析

熔化极电弧焊丝具有两个作用：一是作为电极与焊件产生电弧；二是焊丝本身被加热熔化作为填充金属过渡到熔池中形成焊缝。熔滴过渡是焊接熔覆过程中重要的物理现象，其过渡方式和特性直接影响熔覆成形质量和效率。因此，研究纵向磁场作用下熔滴长大、分离和过渡等物理过程，对保证熔覆成形的精度、性能以及效率有重要的意义。

熔滴过渡时主要受以下几个力的作用：表面张力、重力、电磁收缩力、斑点压力、等离子流力、金属蒸气反作用力、气体吹送力，其中等离子流力、气体吹送力是促进熔滴过渡的力，斑点压力、金属蒸气反作用力是阻滞熔滴过渡的力，表面张力、重力和电磁收缩力根据焊接条件的不同可能促进熔滴过渡，也可能阻滞熔滴过渡。熔滴脱离焊丝之前，熔滴的受力处在一个动态平衡的状态，随着焊丝端部的金属不断熔化，熔滴尺寸逐渐增大，并产生缩颈，当促进熔滴过渡的合力大于阻滞熔滴过渡的合力时，熔滴开始形成稳定的过渡。

焊丝端部熔化的液态金属(即熔滴)是焊接电流的主要通道,因此当加入纵向磁场时,熔滴除受上述作用力的作用外,还受到洛伦兹力的作用。如图 8-5(a)所示,电流在熔滴中的流动路线可以看成圆弧形,这时,电流可分解为径向分量 I_r 和轴向分量 I_z 两个分力。由于是纵向磁场,磁场对电流的轴向分量 I_z 没有作用,电流的径向分量 I_r 在磁场的作用下产生洛伦兹力 F_1,但是在实际工艺中,磁场不是绝对意义上的纵向磁场,也存在着径向的分量,这样磁场对电流的轴向分量 I_z 也产生力的作用,记为 F_2。其中,

$$F_1 = I_r \times B_z \tag{8-1}$$

$$F_2 = I_z \times B_r \tag{8-2}$$

对于熔滴上任意一点,I_z、B_r、I_r、B_z 在同一平面上,因此作用力 F_1、F_2 在同一直线上,方向相反,该点的合力为

$$F = F_1 - F_2 \tag{8-3}$$

在合力 F 的作用下,焊丝端部的液态金属围绕焊丝轴线做旋转运动。当励磁电流为直流时,纵向磁场为稳恒磁场,熔滴旋转的方向不变,当励磁电流为交流时,纵向磁场为间歇交变磁场,熔滴旋转方向按照磁场方向变化的频率进行逆时针方向和顺时针方向交替变化。熔滴在下落过程中,纵向磁场对熔滴作用力的方向不变,熔滴在下落过程中,其自身也随之旋转。此外,加入纵向磁场后,电弧在磁场作用下发生旋转,熔滴在电弧中受到旋转电弧的作用,由于自身旋转和电弧旋转的共同作用,在下落的过程中同时围绕焊丝轴线发生旋转,熔滴下落到熔池时偏离轴线位置,熔滴过渡的运动轨迹如图 8-5(b)所示。

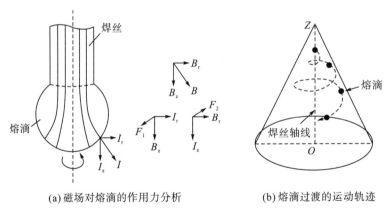

(a) 磁场对熔滴的作用力分析　　　　(b) 熔滴过渡的运动轨迹

图 8-5　纵向磁场作用下熔滴过渡行为分析

8.1.3　纵向磁场对熔滴过渡行为的影响

根据熔滴过渡方式的不同,可分为短路过渡、大滴过渡、混合过渡、射滴过渡、射流过渡和旋转射流过渡等不同过渡形式。图 8-6 给出了高速摄像机拍摄的不同励磁电流条件下熔滴过渡的过程,焊接参数如表 6-3 所示。

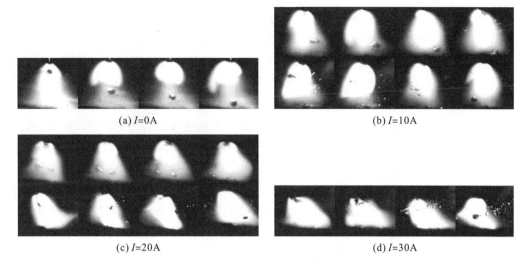

(a) $I=0A$　　　　　　　　　　　　　　　　(b) $I=10A$

(c) $I=20A$　　　　　　　　　　　　　　　　(d) $I=30A$

图 8-6　不同励磁电流条件下熔滴过渡过程

由图 8-6(a) 可见，在普通脉冲 MIG 焊的情况下(无磁场条件下)，熔滴过渡是典型的大滴过渡形式，熔滴形状近似为球形，沿焊丝轴线过渡到熔池中。图 8-6(b)～(d) 是在保持其他焊接参数不变的条件下，引入外加纵向交变磁场时熔滴的过渡形式，由图 8-6(b) 可见，当励磁电流 $I=10A$ 时，熔滴在纵向磁场作用下做自身旋转的同时，还围绕焊丝轴线做旋转运动并沿不同的方向过渡到熔池中，熔滴的过渡形式由大滴过渡转变为旋转射滴过渡，熔滴形状变为扁平状，并偏离焊丝轴线。随着励磁电流的增大，熔滴偏离焊丝轴线越远，当外加磁场过大时($I>20A$)，熔滴偏离焊丝轴线太远，不能顺利过渡到熔池中，如图 8-6(c)、(d) 所示；同时，由于离心力的作用，熔滴在过渡过程中就碎裂成多个小熔滴，形成大量飞溅而使成形质量变差。

8.1.4　纵向磁场作用下熔池流体运动行为分析

在焊接熔覆过程中，熔池内的液体金属在多种力的作用下产生剧烈的流动，其流动的方式对焊缝质量、熔池几何形状、温度分布以及凝固组织、缺陷等有较大的影响。研究表明[2]，在电弧焊条件下，熔池在电弧热输入以及熔滴带入热量的作用下迅速长大，当工件散失的热量和从电弧中吸收的热量相平衡时，熔池不再长大，在宏观上达到"准稳态"，并以与电弧相同的运动速度沿焊接方向运动。

熔池内的金属在凝固的同时受到各种驱动力的作用，驱动力可以分为两类：体积力和表面力。体积力是作用在流体内部每个质点上的力，表面力是作用在焊接熔池表面上的力，具体而言熔池中液态金属受到的驱动力主要有电弧力(包括电磁静压力、电磁收缩力、等离子流力、熔滴冲击力)、熔池金属自身重力和表面张力，在各种驱动力的作用下，熔池液态金属的流动行为比较复杂，随着焊接条件的不同，熔池流动状态也会不断地发生变化，各种驱动力对熔池的作用结果如下：

(1) 电磁静压力。由于焊接电弧呈圆锥状而形成的电磁静压力始终指向熔池，电弧正下方的液体金属发生流动，并向周围排开。

(2)电磁收缩力。当电流从电极斑点通过熔池时，由于熔池中斑点附近的电流密度大，离开斑点后电流密度减小，熔池中这种电流密度的变化造成了电磁收缩力和流体中的压力差，结果引起熔池表面液态金属由熔池边缘向熔池中心流动，在熔池内部，金属沿着电流的方向由熔池上部向下运动，再沿液/固界面向熔池表面流动。研究表明，电磁收缩力引起的流体流动的剧烈程度比浮力引起的金属流动程度大。

(3)等离子流力和熔池表面剪切力。高温等离子体高速流动对熔池表面产生正压力，该力使熔池表面产生变形并在电弧中心的正下方加剧凹坑的形成和深度的加大；等离子气流体运动对熔池自由表面产生剪切力，使熔池表面流体沿径向向外运动。

(4)表面张力。由于熔池自由表面温度梯度和熔池各处成分的不同产生表面张力，焊接熔池液态金属产生涡流。表面张力使熔池表面液态金属分子沿表面张力增加的方向流动。

总而言之，熔池流体流动的主要原因可以归纳为两类：一是熔池中液态金属的温度和密度梯度所产生的自然对流；二是电弧力的作用和表面张力梯度引起的强迫对流。上述各种驱动力在不同的焊接条件下对熔池的作用及效果有所不同，但它们共同作用使熔池中的液体处于复杂的对流旋涡运动中，其最终的结果是使熔池的自由表面产生变形[3-6]，熔池液面凹陷，液态金属被排向熔池尾部高出焊件的表面，凝固后形成焊道的余高。

当焊接熔覆过程加入纵向磁场后，除了上述的各种驱动力，熔池金属还受到两种新的驱动力。一是高速旋转的电弧对熔池表面流体的驱动力。由于电弧在纵向磁场的作用下围绕电弧轴线高速旋转，熔池中液态金属受到高速电弧旋转的驱动，该驱动力作用在熔池表面，属于表面张力。二是外加磁场与熔池内焊接电流相互作用产生的洛伦兹力。由于焊接电流从电弧的阴极(或阳极)斑点通过熔池时，斑点面积较小，而熔池的导电面积大，这就造成了熔池中电流场的发散，为纵向磁场作用于熔池金属提供了条件。这里取熔池中的任意一点分析纵向磁场作用下熔池金属的受力情况，如图 8-7(d)所示，在纵向磁场 B 的作用下，电流方向与纵向磁场垂直，外加纵向磁场与熔池内发散的电流相互作用，产生洛伦兹力 F_L，当外加纵向磁场为稳恒磁场时，在 F_L 的作用下，液态金属围绕电弧轴线沿同一方向做涡旋运动，熔池液态金属形成搅拌式旋转层流，如图 8-7(a)、(b)所示；当外加磁场为交变磁场时，熔池液态金属按磁场频率做周期性正反向旋转，并将液态金属从熔池不同侧面推向焊接熔池的尾端，如图 8-7(c)所示，形成了对熔池金属的搅拌作用。

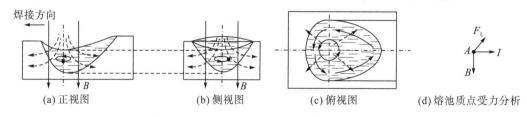

(a) 正视图   (b) 侧视图   (c) 俯视图   (d) 熔池质点受力分析

图 8-7 纵向磁场作用下熔池内流体流动分析

此外，外加纵向磁场后，由于电弧物理过程的变化，电流密度减小，而各种电弧力对熔池金属作用的程度都与电流密度有关，当加入纵向磁场后，电弧力对熔池的作用减弱。文献[7]和文献[8]的研究表明，在无磁场作用时，焊接熔池中液态金属受温度和密度梯度作用所产生的对流作用流动相对比较平稳，当 GTAW 焊接铝合金时，熔池中液态金属的最大流速为 0.01～0.03m/s，当 GTAW 焊接钢时，焊接熔池头部液态金属的最大流速为 0.15～0.2m/s，当外加纵向磁场后，磁感应强度在 10^{-2}T 数量级范围时，焊接熔池中表面液态金属的旋转流速可达 2～14m/s，熔池流体的整体流速是自然状态 GTAW 焊接时的数十倍。因此，外加纵向磁场使 MIG 焊接熔池内液态金属的流动状态发生了根本性的变化。

综合上述分析，当外加纵向磁场焊接熔覆时，不同的驱动力有着不同的流体动力学特性，熔池内液态金属的流动状态是电弧力、重力、表面张力、洛伦兹力多种驱动力联合作用的结果，洛伦兹力对熔池内金属的流动起主导作用，它与普通焊接过程相比，最重要的区别是在外加纵向磁场的作用下使 MIG 焊接熔池中的液态金属存在绕电弧轴线的旋转运动，正是由于焊接熔池液态金属具有该方向的流动，焊接熔池产生剧烈的搅拌作用，而该作用对外加纵向磁场焊接熔覆的质量产生重要的影响。

8.1.5　纵向磁场作用下熔池金属的凝固行为

焊接熔池中的流体流动状态对焊缝中的气孔和夹杂物的形成以及凝固组织有着重要的影响，通过施加电磁场改变熔池金属流动状态可使结晶晶粒细化、减少气孔等缺陷的作用已被公认，但是电磁场对晶粒的细化机制一直未有统一认识。本书采用晶粒游离理论结合电磁场抑制游离晶粒生长机制对其进行分析。

在焊接过程中，熔池的金属熔化/凝固过程(固/液相变)存在三个区域：固相区、液相区和凝固前沿的液固两相区(即糊状区)。由于熔池边界的温度较低，熔池边界正是固/液相的相界面，凝固过程从熔池边界开始，金属熔体首先在此处形核，边界的部分熔化的母材晶粒表面成为新相晶核的"基底"，因为焊缝金属与母材金属是以晶体长合在一起的，所以形成联生结晶。因为是联生结晶，金属在结晶过程中，结晶晶粒的成长受到母材和相邻晶粒的牵制，形成根部小、头部大的晶粒。在常规焊接的自然对流作用下，这些根部小、头部大的晶粒在凝固以前产生游离，在液体中游离着的晶粒，一边成长，一边沉淀，最后形成了等轴晶带。在纵向磁场的作用下，熔体受电磁力的作用产生强烈的对流，与常规焊接中的自然对流相比，这种强迫对流非常剧烈，使得在凝固前沿上形核的晶粒更容易游离，而不是在熔池边界上继续长大，这样就增加了熔体中的形核率，为结晶出细小的等轴晶准备了条件。同时，焊缝中心部位温度较高，处于过热状态下，容易形成粗大的树枝状晶体，加入纵向磁场后，洛伦兹力起到了电磁搅拌的作用，在液相区与液固两相区内，其引发的强迫对流可将凝固前沿处温度较低的熔体带入熔体内部，而将温度较高的熔体带来补充，降低了金属熔体的温度梯度，使得焊接熔池中的温度变得均衡，从而延缓了凝固前沿处温度的降低，推迟了凝固前沿晶粒的凝固，这样便使更多游离的晶粒在运动过程中得以保存下来。此外，洛伦兹力引发的强迫对流使熔池结晶前沿不断受到流动液态金属的冲刷，将凝固前沿处形成的枝晶臂熔断并带入熔池内部形成异质结晶核心，使得晶粒细化，另外由于熔体的温度相对均匀，消除了产生枝晶的条件，抑制了晶粒在某个方向的优先生长，从而晶粒在各个方向上均匀长大，最终生成等轴晶组织。

因此，在纵向磁场作用下焊缝组织明显细化，主要可归结为熔体中结晶核心的增加和对枝晶生长条件的抑制。

在铝合金焊接熔覆过程中,凝固组织的气孔和夹杂也是影响力学性能的重要因素。H 是 Al 及铝合金熔焊时产生气孔的主要原因[9-12],H 在铝合金中的溶解度在凝固点时可以从 0.69ml/100g 突变到 0.036ml/100g,同时由于 Al 的导热性强,铝合金焊缝金属在快速冷却条件下随着溶解度下降,大量析出的气体来不及逸出焊缝形成 H_2 孔。另外,高温时熔入的其他气体(如 N_2、O_2 等),以及焊接冶金反应产生的气体(如 CO)也会处于过饱和状态,为气孔等焊接缺陷的产生创造了条件。

由于熔池内部的温度分布并不均匀,在熔池前部,输入的热量大于散失的热量,处于电弧正下方的熔池表面温度最高,在此区域 Si、Mn 等合金元素将被从其化合物中还原出来,而熔池后部的温度逐渐下降,Si、Mn 等合金元素有一部分将被重新氧化,形成氧化物[13]。当这些氧化物不能从熔池逸出时,将会产生夹杂物,从而降低焊缝金属的机械性能。另外,由于熔池尾部输入的热量小于散失的热量,不断地发生金属的凝固过程,这一过程对氧化物、过饱和气体的逸出极其不利,如图 8-8 所示。因此,熔池尾部的行为对氧化物、过饱和气体的逸出有着极其重要的影响。

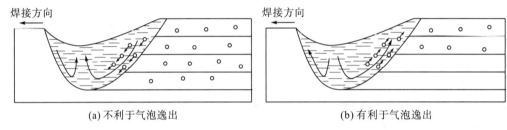

(a) 不利于气泡逸出   (b) 有利于气泡逸出

图 8-8　熔池内液体流动对氧化物、气泡逸出的影响

当把氧化物及过饱和气体形成的气泡看成球形质点时,其在静止的液态金属中上浮的速度 v_1 由斯托克斯方程描述[14],即

$$v_1 = \frac{2(\rho_1 - \rho_2)gr^2}{9\mu} \tag{8-4}$$

式中,v_1 为球形质点上浮的速度,cm/s;ρ_1、ρ_2 分别为液态金属和气孔或夹杂物的密度,g/cm³;g 为重力加速度;r 为气孔或夹杂物的半径;μ 为液态金属的黏度,Pa·s。

当考虑熔池后部流体速度 w 对 v_1 的影响时,球形质点的上浮速度为

$$v_f = v_1 + w \tag{8-5}$$

由式(8-5)可见,流体速度 w 与 v_1 方向一致时,v_f 增大,球形质点易于逸出,从而降低焊缝金属中夹杂物及气孔的形成倾向,提高焊缝的性能;流体速度 w 与 v_1 方向相反时,则不利于球形质点的逸出,焊缝中易形成气孔和夹杂物。前面已经分析过,外加磁场熔覆焊接时,在磁场作用下,熔池中液态金属的流速增加,但其作用的方向是使熔池液体围绕焊丝轴线旋转,速度的方向为水平方向,并不能直接促进气孔和夹杂物上浮。但是,在磁场的作用下,熔池中液态金属的流速增加,使微小气孔聚集长大为大气泡的概率增加,气孔或夹杂物的半径 r 增大后,球形质点上浮速度 v_1 增大,有利于气孔逸出。

此外,在纵向磁场的作用下熔池的形状发生变化,熔池的熔深变浅、熔宽增加,从而使熔池形状变为扁平状,如图 8-8 所示,这就使气孔和夹杂物在金属凝固过程中逸出所走

的路径减小，使焊缝中气孔和夹杂物更容易逸出，因此纵向磁场作用下熔池形状的变化对提高焊接熔覆成形质量具有重要的意义。此外，焊道熔宽增加，使得焊道与焊道之间的搭接质量更高，不容易出现搭接空隙等缺陷；另外，熔深变浅，在薄壁件熔覆成形时，热输入对基体的影响更小，从而使纵向磁场作用下熔覆焊接再制造修复成形更有优势。

8.1.6 纵向磁场作用下 MIG 焊接熔覆热效率分析

外加磁场改变了电弧形态，从而影响热输入和热流密度的分布，进而影响焊接的热效率，本节对纵向磁场作用对焊接热效率、熔化效率的影响进行分析。

焊接热源的物理模型，涉及两个方面的问题：一是热源的热能有多少作用在焊件上；二是作用于焊件上的热量，是如何在焊件上分布的。焊接时产生的总能量由电弧热和电极电阻热产生，其中电极电阻热产生小部分能量，大部分热量由电弧热产生，根据能量守恒定律，电弧焊产生的总能量[15]为

$$E_{\text{total}} = E_{\text{losses}} + E_{\text{fz}} + E_{\text{bm}} \tag{8-6}$$

式中，E_{total} 为由电弧热和电极电阻热产生的总能量；E_{losses} 为向周围环境损失的能量；E_{fz} 为用于熔化焊缝金属的能量(包括熔化潜热)，因此又被称为有效热输入；E_{bm} 为传递到基体的能量(形成热影响区并对母材进行加热)；$E_{\text{fz}}+E_{\text{bm}}$ 为转移到工件的总能量。

因此，电弧热效率和熔化效率可定义为

$$\eta_{\text{a}} = \frac{E_{\text{fz}} + E_{\text{bm}}}{E_{\text{total}}} \tag{8-7}$$

$$\eta_{\text{m}} = \frac{E_{\text{fz}}}{E_{\text{fz}} + E_{\text{bm}}} \tag{8-8}$$

式中，η_{a} 为电弧热效率；η_{m} 为熔化效率。

在焊接过程中加入磁场，随着励磁电流增加，电压略有升高，焊接电流减小，如图 8-9 所示，这是由于电弧中带电粒子在洛伦兹力作用下旋转，并偏离焊丝轴线，相当于电弧被拉长，从而使得传导电流所走的路程增大，即相当于电弧的电阻增加。因此，加入磁场后 E_{total} 降低。Singh 等[16]和 Arenas 等[17]在 Tsai 等[18]的氩弧焊热效率试验数据的基础上，给出了近似估算电弧热效率的经验公式，即

$$\eta_{\text{a}} = 7.48 \frac{I^{0.63} R_{\text{c}}^2}{L^{0.8} IU} \tag{8-9}$$

式中，L 为电弧长度；I 为焊接电流；U 为电弧电压；R_{c} 为电弧的半径。

由式(8-9)分析可知，当外加纵向磁场焊接时，电弧扩张，电弧半径增大，电流减小，电弧热效率增加，但由于总的热输入减少，总的电弧有效功率降低。关桥等[19]通过测试计算法给出了不同线能量时的焊接热效率和熔化效率的计算测试方法，研究表明，随着电弧有效热功率的降低，用于熔化焊缝金属的热有效利用率也降低，即熔化效率降低。Dupont 等[20]建立了描述熔焊方法熔化效率与电弧热效率以及焊接速度等工艺参数之间的通用经验公式，即

$$\eta_{\mathrm{m}} = 0.5\exp\left(\frac{-175}{\eta_{\mathrm{a}}UIv / E\alpha\nu}\right) \tag{8-10}$$

式中，$\eta_{\mathrm{a}}UI$ 为传递到焊件上的有效热源功率；v 为焊接速度；E 为熔化引起的总焓变（填充金属与母材金属间的平均值）；α 为温度为 300K 时的热扩散系数；ν 为温度为熔点时的动黏度。

结果表明，随着焊接速度的增加，熔化效率迅速增大，当焊接速度增大到一定程度时，熔化效率将达到一个临界值，同时随着总的热输入量降低，熔化效率有所降低。为了对不同磁场条件下的有效热作用进行比较，根据式(8-11)[21]可以将其转化为熔合区面积的比较。

$$E_{\mathrm{fz}} = Fv\rho\left(\int_{T_0}^{T_{\mathrm{m}}} c\mathrm{d}T + E_{\mathrm{H}}\right) \tag{8-11}$$

式中，F 为焊缝熔合区面积；v 为焊接速度；ρ 为焊接材料密度；c 为比热容；E_{H} 为熔化潜热；T_0 为环境温度；T_{m} 为熔点温度。

焊接速度和焊接材料是定值，因此不同励磁电流下焊缝有效热输入比值 δ 为

$$\delta = \frac{E_{\mathrm{fz1}}}{E_{\mathrm{fz2}}} = \frac{F_1}{F_2} \tag{8-12}$$

式中，E_{fz1}、E_{fz2} 为不同励磁电流下的有效热输入；F_1、F_2 为不同励磁电流下的熔合区面积。

将熔合线的形状近似为抛物线曲线，因此建立直角坐标系下的焊道截面，如图 8-10 所示。

由于熔宽和熔深已知，可以确定熔合线的曲线方程为

$$y = -\frac{4p}{W^2}x^2 + p \tag{8-13}$$

式中，W 为熔宽；p 为熔深。

由此，可计算出母材熔化区 ACB 区域的面积，即

$$F = \int_{-\frac{W}{2}}^{\frac{W}{2}}\left(-\frac{4p}{W^2}x^2 + p\right)\mathrm{d}x = \frac{2}{3}Wp \tag{8-14}$$

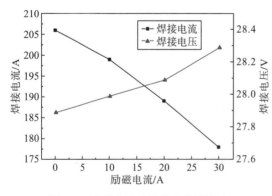

图 8-9   励磁电流对焊接电流的影响

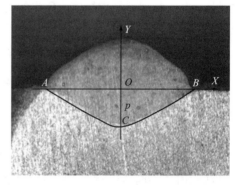

图 8-10   直角坐标系下的焊道截面

由于焊道熔宽和熔深可知，可以计算出不同磁感应强度下母材熔化区的横截面面积，如图 8-11、图 8-12 所示。

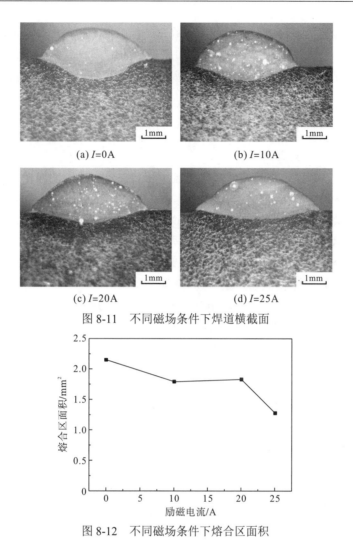

(a) $I=0A$ (b) $I=10A$

(c) $I=20A$ (d) $I=25A$

图 8-11 不同磁场条件下焊道横截面

图 8-12 不同磁场条件下熔合区面积

由式(8-11)、式(8-12)可以分析出,随着励磁电流的增大,母材熔化区横截面面积减小,有效热输入 E_{fz} 也减小。因此,可以得出结论,在外加纵向磁场作用下,随着励磁电流的增加,电弧半径增大,电弧热效率有所增大,但由于焊接电流减小,总的热输入量减少,熔化效率降低。

8.2 焊 道 建 模

8.2.1 焊道截面模型及验证

焊接熔覆成形件全部由焊缝组成,而焊缝的特点是由于熔滴的流动使其中间高两边较低,成形中相邻焊缝间的路径间距是影响零件成形精度的原因之一。

为确定焊缝间的最优搭接系数、合理规划焊接成形路径、提高磁场作用下成形的控形精度,必须对熔覆成形中的典型单道焊缝截面形态进行精确数学建模,并选择合理的路径间距。单道焊缝截面形态可以分为球形、驼峰形、优弧形、劣弧形、扁平形以及高斯形焊缝[22]，在实际焊接熔覆成形工艺中，弧形和扁平形的熔覆焊道更适合焊接快速成形，焊道的形态特征通常采用熔宽、余高、熔深和宽高比等参数进行表征。熔覆焊道的熔宽和余高的比值，即宽高比可定义为

$$\lambda = \frac{W}{H} \tag{8-15}$$

式中，W 为熔宽；H 为余高。

焊道的宽高比 λ 越大，焊道形状越接近扁平形。在建立焊道截面轮廓模型并进行计算时，首先必须确定焊道截面轮廓的数学方程，一些研究者的研究结果表明[23]，采用圆弧函数、抛物线函数和正弦函数可近似表征焊道截面形态。因此，分别采用圆弧函数、抛物线函数和正弦函数给出焊道截面轮廓的曲线方程，并与纵向磁场作用下的成形焊道形态进行对比。焊道的余高和熔宽可以直接测量，设焊道的熔宽为 W，余高为 H，可以分别得到如下焊道轮廓的圆弧、抛物线和正弦曲线方程：

$$x^2 + \left(y + \frac{W^2}{8H} - \frac{H}{2}\right)^2 = \left(\frac{W^2}{8H} + \frac{H}{2}\right)^2 \tag{8-16}$$

$$y = -\frac{4H}{W^2}x^2 + H \tag{8-17}$$

$$y = H\cos\frac{\pi}{W}x \tag{8-18}$$

根据焊道轮廓方程分别画出曲线，并与实际焊道轮廓进行对比，如图 8-13 所示。由图可见，三种曲线中抛物线曲线和正弦曲线能较好地描述焊道截面轮廓曲线，而用圆弧曲线表征的焊道截面轮廓曲线不能反映真实的焊道截面形貌。

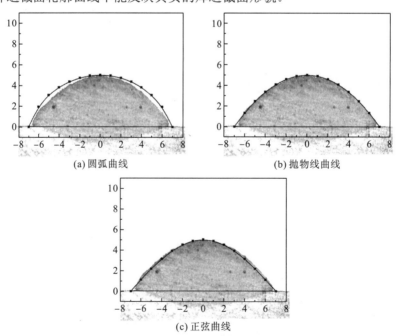

(a) 圆弧曲线　　　　　　　　　　　　　(b) 抛物线曲线

(c) 正弦曲线

图 8-13　不同函数表征焊道截面轮廓对比图（单位：mm）

8.2.2　不同截面模型搭接间距的计算

　　熔覆成形过程中随着相邻焊道搭接间距的不同，会出现如图 8-14 所示的不同搭接关系；如果两道焊缝的间距过大，造成焊道间出现未完全熔合，相邻的焊缝间形成空洞缺陷；反之，如果熔焊成形中两道焊缝间距过小，后一道焊缝与前一道焊缝重合，一方面影响堆积效率，另一方面使表面平整度变差，因此当搭接间距过大或过小时，都会使表面平整度变差，起伏不平的表面会对后续熔覆层的成形产生影响，产生累计效益，使整体成形质量变差。因此，成形轨迹的间距应保证焊道搭接后实现如图 8-14(c) 所示的理想搭接状态，即成形后的表面为平面。

　　根据焊道搭接的"等面积堆积"理论[24]，当后一道焊缝与前一道焊缝之间搭接部分的"多余"面积与它们之间的"凹谷"面积相等时，即 $S_{AMP}=S_{CPN}$ 时，成形后的表面为平面，熔覆层表面平整度最好，如图 8-15 所示。但是，在实际成形中，当前一焊道与后一焊道搭接时，由于液态金属在表面张力的作用下搭接表面会收缩为曲面，为了简化分析过程，在这里忽略了表面张力的作用，假设搭接后的表面为一个理想平面，并根据"等面积堆积"理论提出以下假设：

　　(1)在工艺参数一定的情况下，每道焊缝的截面形态函数曲线为对称函数且保持不变；

　　(2)在焊接堆积成形过程中，焊缝截面形态函数曲线保持不变；

　　(3)搭接堆积后，单道焊缝截面形态函数曲线保持不变；

　　(4)成形过程中熔滴呈液态流体运动，并自动由"山峰"填补到"山谷"。

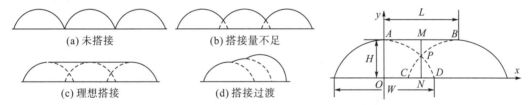

(a) 未搭接　　　　　　　(b) 搭接量不足

(c) 理想搭接　　　　　　(d) 搭接过渡

图 8-14　不同搭接间距熔覆层表面　　　　　图 8-15　焊道搭接"等面积堆积"理论模型

　　因此，根据 8.2.1 节焊道截面模型的验证结果，在建立搭接模型时，分别采用抛物线曲线和正弦曲线表征焊道的截面形态，采用"等面积堆积"理论计算相邻焊道间距 L。

　　设焊道截面轮廓曲线的方程为 $y=f(x)$，后一焊道的截面轮廓曲线的方程则为 $y=f(x-L)$，搭接过程中希望得到如图 8-14(c) 所示的理想效果，两者的面积分别为

$$S_{AMP}=\int_0^{\frac{L}{2}}\left[H-f(x)\right]\mathrm{d}x \tag{8-19}$$

$$S_{CPN}=\int_{L-\frac{W}{2}}^{\frac{L}{2}}f(x-L)\mathrm{d}x \tag{8-20}$$

根据"等面积堆积"理论，则有

$$\int_0^{\frac{L}{2}}\left[H-f(x)\right]\mathrm{d}x=\int_{L-\frac{W}{2}}^{\frac{L}{2}}f(x-L)\mathrm{d}x \tag{8-21}$$

将式(8-17)代入式(8-21)，求出用抛物线曲线模型表征熔覆焊道时的搭接间距：

$$L=\frac{2}{3}W$$

将式(8-18)代入式(8-21)，求出用正弦曲线模型表征熔覆焊道时的搭接间距：

$$L=\frac{2}{\pi}W$$

因此，根据上述计算结果，只需测量出熔覆焊道的熔宽，就可以确定相邻焊道间距 L。

8.2.3 不同截面模型焊道搭接表面平整度比较

取焊接参数弧长修正 L_c=-3%、脉冲修正 P_c=4%、熔覆速度 v_w=24mm/s、送丝速度 v_f=8m/min 进行单层熔覆焊道搭接试验，每层熔覆 5 道，焊道搭接间距分别取 L=2W/3 和 L=2W/π，而熔覆层平整度则取不同搭接间距下的熔覆层截面进行计算。熔覆层截面如图 8-16 所示，平整度计算结果如图 8-17 所示。

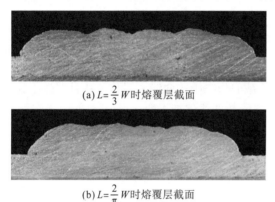

(a) $L=\frac{2}{3}W$时熔覆层截面

(b) $L=\frac{2}{\pi}W$时熔覆层截面

图 8-16　不同搭接间距时熔覆层截面

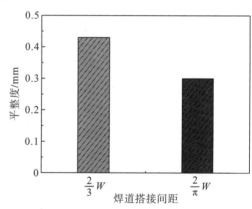

图 8-17　不同搭接间距时熔覆层表面平整度

由计算结果可知，当焊道搭接间距 L=2W/3 时，熔覆层的平整度为 0.43mm，当焊道搭接间距 L=2W/π 时，熔覆层的平整度为 0.30mm，由此可以得出结果，当用正弦曲线表征焊道截面模型时，熔覆层的表面平整度更高，表面质量更高。

8.3　磁场对熔覆层表面质量的影响

8.3.1 熔覆层表面成形质量评定

在焊接熔覆再制造成形过程中，由于液态金属的表面张力较大，成形轨迹搭接形成的平面并不理想，而是周期性波峰、波谷的波纹面，表面精度较差。因此，表面粗糙度不再适用于表征堆焊再制造快速成形件的表面精度。由于多道焊缝成形件表面是由波峰和波谷形成的，为了评价其表面成形质量，采用"成形表面平整度"表述成形表面的质量[25]，这里定义 h_δ 为表面平整度，即搭接试样断面中波峰高度和波谷高度的差值，如图 8-18所示。

图 8-18　平整度表征方法

在显微镜下测量 h_δ 的值即可确定成形平面的平整度，根据平整度的大小分析成形表面的质量，h_δ 可以采用下面 2 个指标评价[26]。

1）表面最大高度变化量 $h_{\delta\max}$

在一定长度范围内，得到截面图中波峰的最高点 h_{fmax}（像素点）和波谷的最低点 h_{gmin}（像素点），则表面最大高度变化量为

$$h_{\delta\max} = h_{\mathrm{fmax}} - h_{\mathrm{gmax}} \tag{8-22}$$

$\delta_{\max}$ 只能反映成形件平面高度变化的最大量。

2）表面最大平均高度变化量 $\overline{h}_{\delta\max}$

在一定长度范围内，取 n 个波峰和波谷，表面平均高度变化量指 n 个波峰与波谷高度差的平均值。

$$\overline{h}_{\delta\max} = \frac{1}{n}\sum_{i=1}^{n}\left(h_{\mathrm{fmax}i} - h_{\mathrm{gmax}i}\right) \tag{8-23}$$

$\overline{h}_{\delta\max}$ 能较充分地反映成形件表面几何参数高度的变化特性。在相同长度范围内，$\overline{h}_{\delta\max}$ 越小，成形平面越平整，表面质量越好。

8.3.2　单焊道的表面成形质量

本节取磁场频率 f=10Hz，脉冲修正 P_c=4%，弧长修正 L_c=-3%，熔覆速度 v_w=24mm/s，送丝速度 v_f=8m/min 不变，励磁电流 I 分别取 0A、10A、20A 和 30A，考察磁场强度大小对焊道成形表面质量的影响。

由图 8-19、图 8-20 可见，当弧长修正为 L_c=-3%时，焊道表面在电磁吹力作用下形成了美观的鱼鳞纹，随着励磁电流 I=0A 增加到 30A，鱼鳞纹的宽度间距增大，焊道尺寸均匀，表面质量变好，熔深变浅，熔宽增大，其原因是在外加磁场作用下，电弧扩张，电弧端部对基体的作用面积增大，熔宽增大；同时，电弧扩张使得电弧电流密度降低，单位面积上的热输入减少，使熔深变浅；但当 I=30A 时，焊道边部出现了未熔合缺陷，原因是励磁电流过大，电弧扩张程度大，电弧边部热流密度较低，不能提供足够的热量使基体熔化，熔滴下落后形成了未熔合缺陷。因此，可以得出结论，在纵向磁场作用下，随着励磁电流的增加，表面质量变好，但是励磁电流过大时，焊道容易出现缺陷。

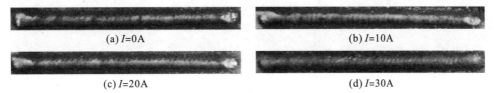

(a) I=0A　　　　　　　　　　　　　　(b) I=10A

(c) I=20A　　　　　　　　　　　　　(d) I=30A

图 8-19　励磁电流对焊道表面形貌的影响

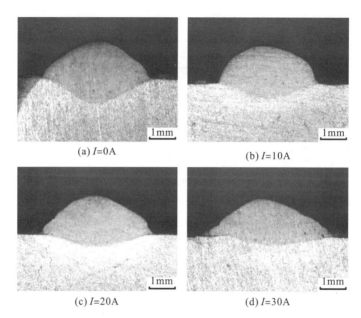

(a) I=0A　　　　　　　　　　(b) I=10A

(c) I=20A　　　　　　　　　　(d) I=30A

图 8-20　励磁电流对焊道尺寸的影响

8.3.3　单层熔覆层的表面成形质量

在纵向磁场作用下熔覆成形时,磁场参数影响焊道的表面质量,从而影响熔覆层的表面质量。本节取磁场频率 f=10Hz,脉冲修正 P_c=4%,弧长修正 L_c=-3%,熔覆速度 v_w=24mm/s,送丝速度 v_f=10m/min 不变,励磁电流 I 分别取 0A、10A、15A、20A、25A 和 30A 进行单层熔覆焊道搭接试验,焊道间距取 L=2W/π,每层熔覆 10 道,考察磁场强度大小对熔覆层表面质量的影响。

由图 8-21(a)可知,当无磁场焊接熔覆时,熔覆层表面质量较差,当熔覆过程加入纵向磁场后,随着励磁电流的增加,表面质量有所提高,但是当励磁电流继续增大到 30A 时,熔覆过程飞溅增加,熔覆层表面如图 8-21(f)所示,表面有飞溅引起的焊瘤出现,表面质量下降。

(a) I=0A　　　　　　　(b) I=10A　　　　　　　(c) I=15A

(d) I=20A　　　　　　　(e) I=25A　　　　　　　(f) I=30A

图 8-21　不同励磁电流强度作用下熔覆层表面

图 8-22 是不同纵向励磁电流强度下熔覆层截面形貌，图 8-23 是平整度随励磁电流强度变化曲线。由图 8-22、图 8-23 可见，当无磁场焊接时，熔覆层表面质量较差，平整度为 0.44mm；随着励磁电流的增加，熔覆层表面平整度减少，表面质量提高；当励磁电流为 25A 时，表面平整度为 0.27mm，表面质量最好；当励磁电流继续增加为 30A 时，表面平整度为 0.38mm，表面质量又有所下降。

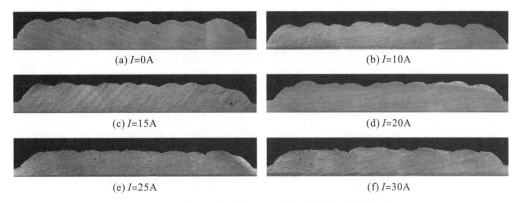

(a) I=0A

(b) I=10A

(c) I=15A

(d) I=20A

(e) I=25A

(f) I=30A

图 8-22　不同纵向励磁电流强度下熔覆层截面形貌

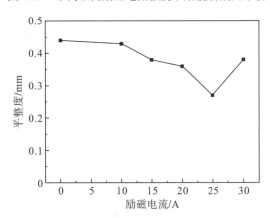

图 8-23　不同励磁电流作用下熔覆层表面平整度

8.3.4　多层熔覆层的表面成形质量

由 8.3.3 节试验结果可知，当励磁电流为 25A 时，表面质量最好，平整度最低，因此取焊接参数磁场频率 f=10Hz、脉冲修正 P_c=4%、弧长修正 L_c=-3%、熔覆速度 v_w=24mm/s、送丝速度 v_f=10m/min、励磁电流 I=25A 制备熔覆层，每层熔覆 10 道，共熔覆 3 层。熔覆层表面形貌和截面形貌如图 8-24、图 8-25 所示，由图可见，熔覆层表面比较平整，其平整度为 0.26mm，表面质量较好。

由试验结果可得，在相同工艺参数作用下，单层熔覆层的平整度为 0.27mm，多层熔覆层的平整度为 0.26mm，由此可知，当前一层表面质量较好时，在后续的熔覆过程中，控制好磁场和焊接工艺参数可得到表面质量较高的多层熔覆层。

图 8-24　多层熔覆层表面形貌

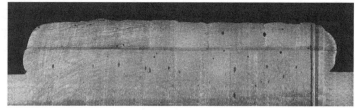

图 8-25　多层熔覆层截面形貌

8.4　成形工艺对组织和性能的影响

8.4.1　磁场对母材组织和性能的影响

在 8.1 节中已经分析，在外加磁场后，随着励磁电流的增加，焊接电流随之减小，使焊接热输入和热效率都发生变化，电流密度和热流密度在工件表面的分布也随磁场的变化而变化，从而影响电弧的热作用对母材的作用，使组织和性能都发生变化。

图 8-26 为不同励磁电流作用下热影响区的金相组织。由图可见，与基体组织相比，热影响区组织明显变得粗大，属于典型的过热组织；在熔覆过程引入纵向磁场后，随着励磁电流的增加，热影响区晶粒长大趋势减缓，热输入对母材组织的影响程度降低，其主要原因是在纵向磁场作用下电弧围绕焊丝旋转并向外扩张，母材表面的电流密度和热流密度比无磁场焊接时减小，焊接热输入减少，使得熔深变浅，同时电弧在水平方向覆盖了母材更大的面积。因此，外加纵向磁场焊接时热输入对母材影响降低，有利于改善热影响区晶粒的组织形态。

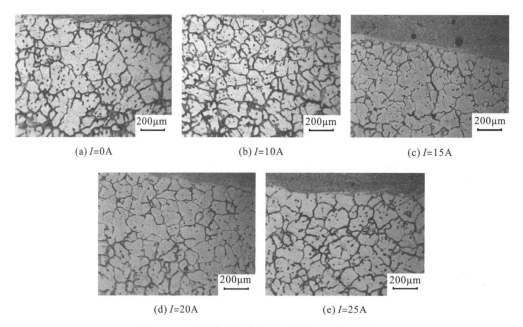

(a) I=0A　　　　　　　(b) I=10A　　　　　　　(c) I=15A

(d) I=20A　　　　　　　(e) I=25A

图 8-26　不同励磁电流作用下热影响区金相组织

　　图 8-27 为不同励磁电流作用下母材不同位置显微硬度的变化曲线。由图可见，在靠近熔合线区域，即热影响区，硬度明显下降，软化行为比较明显，随着逐渐远离熔合线，硬度逐渐增大。当励磁电流为 0A 时，受焊接热输入的影响，整体显微硬度较低，当外加纵向磁场焊接时，焊接热输入减少，母材整体显微硬度比无磁场时高；当励磁电流为 20A 时，母材各个区域的显微硬度均达到最高，励磁电流继续增大时，母材显微硬度变化不明显。上述结果表明，在纵向磁场作用下，随着励磁电流的增大，电弧的热作用对热影响区和母材软化行为的影响减弱。

　　图 8-28 为励磁电流对焊道熔深和母材热影响区的影响。由图可见，当无外加磁场时，焊道熔深为 0.87mm；当加入纵向磁场后，熔深变浅；当励磁电流为 25A 时，焊道熔深最浅，为 0.41mm。当励磁电流为 0～20A 时，热影响区的宽度变化不大，平均宽度为 0.6mm，而焊接过程对母材总的影响深度应为熔深和热影响区宽度之和，因此随着励磁电流的增加，热输入对母材的影响深度总体有所减少。

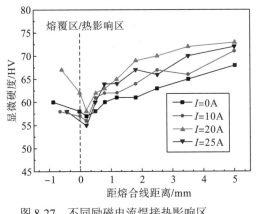 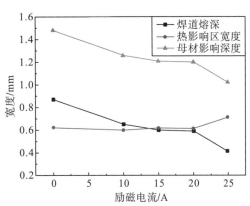

图 8-27　不同励磁电流焊接热影响区　　　　图 8-28　励磁电流对焊道熔深和母材热
　　　　　显微硬度分布曲线　　　　　　　　　　　　　影响区的影响

8.4.2　熔覆速度对母材组织和性能的影响

　　在焊接熔覆过程中，熔覆速度是非常重要的工艺参数，熔覆速度的大小直接影响焊接热输入的大小，熔覆速度越大，焊接热输入越小，从而减小电弧对基体的热影响，引起母材组织和性能的变化。

　　图 8-29 为不同熔覆速度下热影响区的金相组织。由图可见，当励磁电流为 15A、熔覆速度为 21mm/s 时，母材热影响区组织较为粗大，当熔覆速度为 24mm/s 时，母材热影响区组织长大趋势减缓，热输入对母材组织的影响程度降低；当励磁电流为 25A、熔覆速度为 21mm/s 时，与熔覆速度为 24mm/s 时组织差别不明显。

　　图 8-30 为不同熔覆速度作用下母材不同位置显微硬度的变化曲线。由图可见，当励磁电流为 15A、熔覆速度为 21mm/s 和 24mm/s 时，热影响区显微硬度差别不大，随着距熔合线距离的增加，熔覆速度为 24mm/s 时比熔覆速度为 21mm/s 时母材显微硬度有所提高；当励磁电流为 25A 时，熔覆速度为 24mm/s 和 21mm/s 时母材显微硬度相差不大。由以上结果可知，当励磁电流增加时，熔覆速度的变化对母材热作用的影响降低。

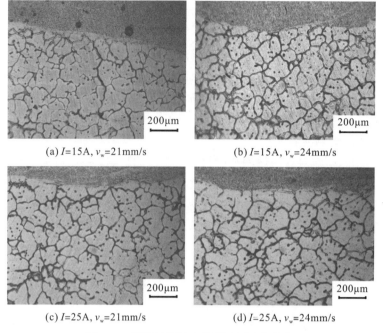

(a) I=15A, v_w=21mm/s   (b) I=15A, v_w=24mm/s

(c) I=25A, v_w=21mm/s   (d) I=25A, v_w=24mm/s

图 8-29   不同熔覆速度热影响区金相组织

图 8-31 为不同熔覆速度对焊道熔深和母材热影响深度的影响。由图可见,当熔覆速度从 21mm/s 增加到 24mm/s 时,焊道熔深变浅,焊接热输入对母材的热影响深度降低;当熔覆速度为 21mm/s、励磁电流为 15A 时,焊道熔深为 0.91mm,励磁电流增加到 25A 时,焊道熔深为 0.65mm,熔深变浅,热输入对母材的热影响深度也减少;当熔覆速度为 24mm/s 时,随着励磁电流的变化,热输入对焊道熔深和母材热影响深度的影响趋势相同。因此,随着熔覆速度和励磁电流的增加,热输入对母材的热影响深度总体有所减少。

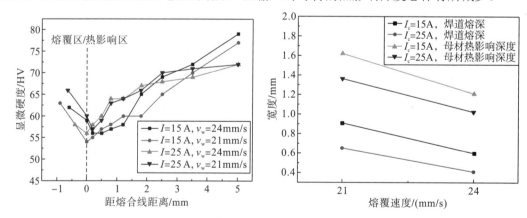

图 8-30   不同熔覆速度热影响区显微硬度分布曲线   图 8-31   熔覆速度对焊道熔深和母材热影响深度的影响

8.4.3   磁场对熔覆层组织和性能的影响

在焊接熔覆过程中,交变纵向磁场对熔体起到电磁搅拌作用,从而影响熔覆层的组织和性能。图 8-32 为其他焊接参数不变,不同励磁电流作用下熔覆层的显微组织和晶粒度测量网格,表8-2为采用截点法计算得出的不同励磁电流作用下熔覆层组织晶粒度对照表。由结果可以看出,当励磁电流为0A时,即无外加纵向磁场时,熔覆层组织晶粒粗大,晶粒度级别数为4.0,参照《金属平均晶粒度测定方法》(GB/T 6394—2017)晶粒度级别数与晶粒尺寸的关系可知,晶粒平均尺寸约为90μm,当加入纵向磁场后,随着励磁电流的增加,晶粒度级别数增大,细化效果增强,但是励磁电流过低或者过高都会影响熔覆层组织细化效果,在本试验条件下,当励磁电流为15A和20A时,晶粒细化效果最好,晶粒度级别数分别为5.1和5.0,晶粒平均尺寸为63μm左右。

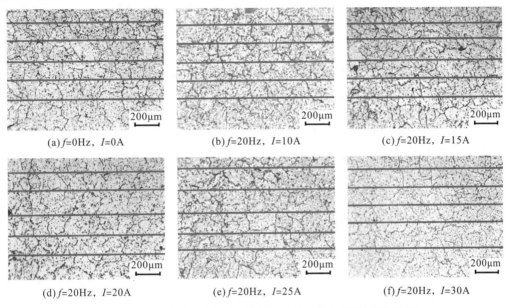

图 8-32　不同励磁电流作用下熔覆层显微组织和晶粒度测量网格

表 8-2　不同励磁电流作用下熔覆层组织晶粒度对照表

励磁电流/A	0	10	15	20	25	30
晶粒度	4.0	4.1	5.1	5.0	4.2	4.2

晶粒细化的主要原因是加入纵向磁场后,洛伦兹力起到了电磁搅拌的作用,熔池内熔体产生强烈的对流运动,与常规焊接中的自然对流相比,这种强迫对流非常剧烈,使得在凝固前沿上形核的晶粒更容易游离,而不是在熔池边界上继续长大,这样就增加了熔体中晶粒的形核率,此外,强迫对流使熔池结晶前沿不断受到流动液态金属冲刷,将凝固前沿处形成的枝晶臂熔断并带入熔池内部形成异质结晶核心,使得晶粒细化,同时磁场搅拌引起的强迫对流可将凝固前沿处温度较低的熔体带入熔池内部,而将温度较高的熔体带来补充,降低了金属熔体的温度梯度,使焊接熔池中的温度变得均衡,从而延缓了凝固前沿处温度的降低,推迟了凝固前沿晶粒的凝固,这样使更多游离的晶粒在运动过程中得以保存下来。

可见,在其他工艺条件一定时,提高励磁线圈的电流强度,使得外加磁场的磁感应强度 B 增加,熔体受到的电磁体积力和表面力均增加,电磁体积力和表面力与施加的磁感

应强度 B 呈二次抛物线关系，因此励磁电流越大，搅拌强度越大，熔池内金属对流运动增强，晶粒细化效果越好。但励磁电流过大时，熔池内金属熔体产生大量的焦耳热，使熔体的过冷度减小，初生的形核重熔，形核数量降低，可能造成晶粒粗化。由此可见，在铝合金熔覆过程中外加纵向磁场的励磁电流过大或过小均不利于晶粒细化。

1) 熔覆层致密度

铝合金在焊接熔覆时，熔覆层内部由于易出现气孔和氧化物夹杂，其密度值降低，通过考察不同磁场条件下铝合金熔覆层的密度值，可以分析磁场对组织中气孔和氧化物夹杂的影响。图 8-33 为励磁电流对熔覆层密度值的影响。通过计算当无磁场焊接时，熔覆层的平均密度值为 $2.57g/cm^3$，当加入纵向磁场后，随着励磁电流的增大，熔覆层的密度值增加，当励磁电流为 15～25A 时，熔覆层密度值较高，最大值可达 $2.60g/cm^3$，但是当励磁电流继续增大时，熔覆层密度值又有所下降。

H 是 Al 及铝合金熔焊时产生气孔的主要原因[27]，由于 Al 的导热性强，铝合金堆焊层金属在快速冷却条件下随着溶解度的下降，而大量析出的气体来不及逸出焊缝形成 H_2 孔。在熔覆过程加入纵向磁场后，熔池中液态金属的流速增加，使微小气孔聚集长大为大气泡的概率增加，气泡气孔的半径增大后，上浮速度增大，有利于气孔逸出，同时随着励磁电流的增加，熔池深度变浅，熔宽增加，从而使熔池形状变为扁平状，这使得气孔和氧化物夹杂从熔池中逸出所走的路径减小，更容易逸出，以上纵向磁场的综合作用使得铝合金熔覆层气孔和氧化物夹杂减小，密度值增加，但是当励磁电流过大时，电弧搅拌程度增加，熔覆过程飞溅程度增加，氧化物夹杂含量增多，使密度值又急剧减小。

2) 熔覆层摩擦性能

保持其他参数不变，改变励磁电流强度的大小分析纵向磁场对成形层摩擦性能的影响，磨损体积随励磁电流的变化曲线如图 8-34 所示，当无外加磁场熔覆成形时，熔覆层磨损体积最大，为 $8.1504×10^{-4}cm^3$，随着励磁电流的增加，磨损体积随之降低，当励磁电流为 10～20A、磁场频率为 20Hz 时，熔覆层金属耐磨性最好，最低磨损体积为 $3.8483×10^{-4}cm^3$，比无磁场时提高了 53%，当励磁电流继续增大时，磨损体积增加，熔覆层的耐磨性能有所降低。

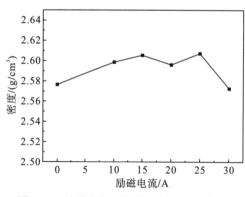

图 8-33　励磁电流对熔覆层密度值的影响

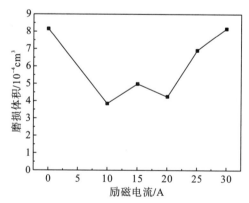

图 8-34　励磁电流对熔覆层摩擦性能的影响

纵向磁场作用下摩擦性能提高的原因是在电磁搅拌的作用下,熔覆层晶粒组织细化的结果;另一个原因是在 Al-Mg-Si 系合金中,其基本组织为 α(Al)+Mg$_2$Si,黑色的 Mg$_2$Si 为合金的主要强化相,合金中强化相的数量、大小、形状和分布是影响合金强度的关键因素[28],因此提高合金元素在晶内固溶度,增加合金中的强化相数量,可以明显提高合金的力学性能。在熔覆过程加入纵向磁场后,洛伦兹力使得各溶质粒子对基体铝产生了相对运动,同时在晶粒长大过程中,熔体内 Al^{3+}、Zn^{2+}、Mg^{2+}、Cu$^+$ 产生相对运动,有利于凝固晶粒前沿溶质场成分的均匀,从而使合金元素在晶粒内部的含量增加,使强化相 Mg$_2$Si 的数量增加,耐磨性能得到提高[29]。磁感应强度越大,熔体受到的磁场作用越强,合金元素在熔体内的运动强度和范围越强,但是当励磁电流过大时,耐磨性能提高不明显,其主要原因是晶粒细化效果减弱和熔体过冷度降低,强化相析出量减少。

3)熔覆层拉伸性能

图 8-35 为熔覆层金属的室温拉伸性能随励磁电流变化的曲线,当无外加磁场焊接时,熔覆层抗拉强度为 259MPa,加入纵向磁场后,随着励磁电流的增加,熔覆层金属抗拉强度增加,当励磁电流为 20A 时,抗拉强度最高,为 276MPa,励磁电流继续增大时,晶粒细化效果变差以及氧化物夹杂含量增加,抗拉强度有所降低。

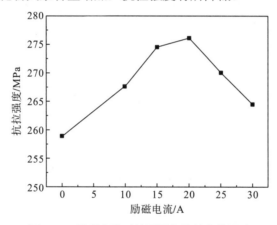

图 8-35 励磁电流对熔覆层拉伸性能的影响

根据 Hall-Petch 公式[30],晶粒组织越细小,金属强度越高。因此,随着电磁搅拌细化堆焊层的晶粒的作用增强,抗拉强度提高,此外,在纵向磁场作用下凝固组织内气孔和氧化物夹杂含量的减少,对提高熔覆层的拉伸性能有一定的作用;另外,在磁场作用下熔深变浅,焊道熔宽增加,使得焊道与焊道之间的搭接质量更高,搭接空隙等缺陷减少。综合以上因素的影响,随着励磁电流的增加,熔覆层的力学性能提高。

8.4.4 熔覆速度对熔覆层组织和性能的影响

在纵向磁场作用下熔覆成形,熔覆速度是一个非常重要的工艺参数,其大小决定焊接热输入和磁场对熔体作用时间的长短,从而影响熔覆层组织和性能。图 8-36 为在其他焊接参数不变、磁场作用下不同熔覆速度时熔覆层的显微组织和晶粒度测量网格,表 8-3 为不同熔覆速度时熔覆层组织晶粒度对照表。由结果可以看出，熔覆速度较低时，熔覆层组织晶粒度级别数为 4.1，随着熔覆速度增加，晶粒度级别数增加，晶粒细化程度增加。但是熔覆速度较大时，组织气孔和氧化物夹杂缺陷较多。

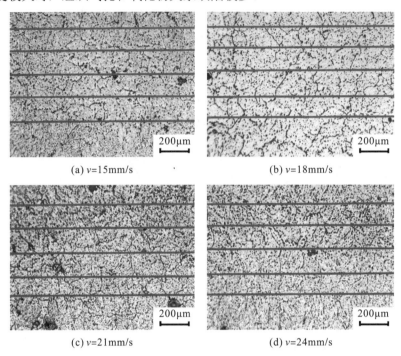

(a) v=15mm/s   (b) v=18mm/s

(c) v=21mm/s   (d) v=24mm/s

图 8-36　不同熔覆速度时熔覆层显微组织和晶粒度测量网格

表 8-3　不同熔覆速度熔覆层组织晶粒度对照表

熔覆速度/(mm/s)	15	18	21	24
晶粒度	4.1	5.0	5.2	5.0

当熔覆速度较小时，熔池内金属凝固时间较长，磁场的作用时间也较长，这有利于磁场细化晶粒组织，但同时电弧的热作用时间也增加，又不利于组织的细化；当熔覆速度较大时，焊接热输入减少，冷却速度增加，熔体凝固的时间缩短，这有利于减少对基体的热影响和熔覆层的组织晶粒细化。同时，熔体冷却速度增加、凝固时间缩短使得磁场对熔体的作用时间缩短，气孔和氧化物夹杂来不及从熔池中逸出，使得结晶组织气孔缺陷增多，因此熔覆速度应当有一个适当的取值范围使得凝固组织较佳、力学性能较好。

1) 熔覆层致密度

表 8-4 为其他条件不变，不同熔覆速度熔覆层密度测量试验结果，图 8-37 为熔覆层密度值随熔覆速度变化的曲线，可见当熔覆速度为 15mm/s 时，熔覆层的平均密度为 2.53835g/cm³，当熔覆速度增加到 18mm/s 时，熔覆层的平均密度最大，为 2.59590g/cm³，当熔覆速度继续增加时，熔覆层的平均密度又开始下降，当熔覆速度为 24mm/s 时，熔覆

层的平均密度为 2.50353g/cm³。由试验结果可知，熔覆速度有一个最佳区间，过大或过小时都会降低熔覆层的密度。

表 8-4   不同熔覆速度熔覆层密度测量试验结果

试验号	熔覆速度/(mm/s)	质量/g	体积/cm³	密度/(g/cm³)	平均密度/(g/cm³)
1		7.8546	3.06351	2.56393	
2	15	7.8327	3.08881	2.53584	2.53835
3		7.6842	3.05501	2.51529	
4		6.3692	2.61023	2.61023	
5	18	6.4210	2.60797	2.60797	2.59590
6		3.7460	2.56949	2.56950	
7		6.2095	2.41598	2.57018	
8	21	6.0226	2.38711	2.52297	2.53079
9		5.8699	2.34868	2.49923	
10		6.9158	2.71428	2.54793	
11	24	6.4539	2.66475	2.42195	2.50353
12		6.9632	2.74065	2.54072	

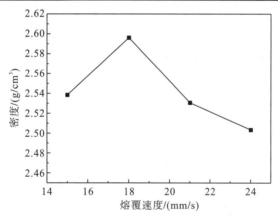

图 8-37   熔覆速度对熔覆层密度值的影响

气泡逸出的速度可由式 (8-24) 表示[31]：

$$v = \frac{2}{9} \frac{(\rho_1 - \rho_2)gr^2}{\eta} \tag{8-24}$$

式中，v 为气泡逸出的速度，cm/s；ρ_1 为液体金属的密度，g/cm³；ρ_2 为气孔或夹杂物的密度，g/cm³；g 为重力加速度；r 为气孔或夹杂物的半径，cm；η 为液体金属的黏度，Pa·s。

由式 (8-24) 可以看出，在降温过程中，液体金属的黏度迅速增大，密度增大，气泡上浮速度降低。因此，当熔覆速度较大时，凝固过程快，气泡上浮速度大大降低，使得气泡来不及逸出便残存在内部形成气孔；同时，磁场作用的时间较短，微气孔聚集成大气孔的概率也降低，气孔率增加，因此当熔覆速度较大时，不利于气泡的逸出，密度值降低；当熔覆速度较小时，电弧的热输入量增加，熔池温度较高，氢在熔池中的溶解度也增加，容易使外界的氢又大量熔入，生成气孔的概率增加，同时电弧作用时间长，氧化物的含量也有所增加，也会使得密度值有所降低。

2) 熔覆层摩擦性能

表 8-5 为不同熔覆速度时熔覆层摩擦试验结果，图 8-38 为磨损体积随熔覆速度的变化曲线。由试验结果可知，当熔覆速度为 15mm/s 时，熔覆层磨损体积较大，为 1.38×10^{-3}cm^3，当熔覆速度增加为 18mm/s 时，熔覆层磨损体积大大降低，为 4.24×10^{-4}cm^3，当熔覆速度继续增大时，熔覆层磨损体积又开始增加，熔覆层的耐磨性能降低。

表 8-5　不同熔覆速度时熔覆层摩擦试验结果

试验号	熔覆速度/(mm/s)	磨损前质量/g	磨损后质量/g	质量差	密度/(g/cm^3)	磨损体积/cm^3
1	15	7.8126	7.8091	0.0035	2.53584	1.38×10^{-3}
2	18	6.4087	6.4076	0.0011	2.59590	4.24×10^{-4}
3	21	6.0069	6.0038	0.0031	2.52297	1.23×10^{-3}
4	24	6.9491	6.9462	0.0029	2.54072	1.14×10^{-3}

熔覆速度除对熔覆层组织细化效果和热作用有较大影响外，由于冷却速率的不同，对 Al-Mg-Si 铝合金凝固组织和相的析出次序、种类及数量也有较大影响[32]，从而影响其摩擦性能，陈忠伟等[33]研究了冷却速率对铝合金凝固组织中 Mg_2Si 含量的影响，结果表明，当冷却速率增加时，铝合金凝固组织中 Mg_2Si 相的析出也受到抑制，Mg_2Si 析出量减少。因此，当熔覆速度过大时，冷却速率增加，强化相 Mg_2Si 的析出量也相对有所减少，从而使得摩擦性能变差，如图 8-38 所示。

3) 熔覆层拉伸性能

图 8-39 为熔覆层金属的室温拉伸性能随熔覆速度变化的曲线，由图可见，当熔覆速度为 15mm/s 时，熔覆层抗拉强度为 270MPa，随着熔覆速度的增加，熔覆层抗拉强度增加，当熔覆速度为 18mm/s 时，熔覆层抗拉强度为 276MPa，当熔覆速度继续增大时，熔覆层的抗拉强度又有所降低，当熔覆速度为 24mm/s 时，熔覆层抗拉强度降低为 269MPa。

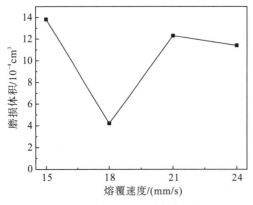

图 8-38　熔覆速度对熔覆层摩擦性能的影响

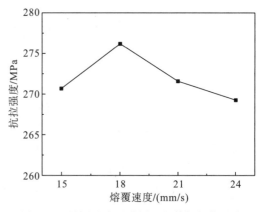

图 8-39　熔覆速度对熔覆层拉伸性能的影响

由以上分析可知，在磁场作用下焊接熔覆时，熔覆速度过大或过小都不利于提高熔覆层的力学性能。

8.5　再制造实例

在研究磁场作用下焊接熔覆成形机理和成形工艺的基础上，本节针对战斗机铝合金零件的典型损伤，采用纵向磁场作用下焊接熔覆技术对损伤铝合金零件进行再制造修复和直接快速成形。

焊接熔覆再制造成形技术的典型应用就是损伤零件的再制造修复和备件的直接快速成形，所成形的备件为近净成形件，通常需要进行少量的后续加工处理，才能满足实际应用的尺寸精度要求。一般来说，焊接熔覆再制造快速成形的工作流程如下[34]：

(1)机器人抓取三维激光扫描仪采集损伤零件表面点云数据，获取零件的三维模型；

(2)使用点云数据处理软件，通过与标准零件模型比对，构建出再制造模型；

(3)由离线编程进行修复路径的规划，生成机器人焊接控制程序；

(4)结合焊接熔覆工艺参数，进行再制造成形路径规划；

(5)机器人执行程序，抓取焊枪进行焊接熔覆再制造成形；

(6)对近净成形件进行机械加工，恢复零件的原始尺寸。

8.5.1　铝合金拉杆再制造修复

某型飞机操纵系统中使用的拉杆，材料为 LY11 硬铝合金，拉杆内部为空心结构，在飞机的使用维护过程中，由于机械磨损等，造成拉杆表面划伤，划伤的长度为 50～80mm，深度为 1～2mm，如图 8-40 所示，该类划伤降低了拉杆的强度，严重影响了飞机的安全。

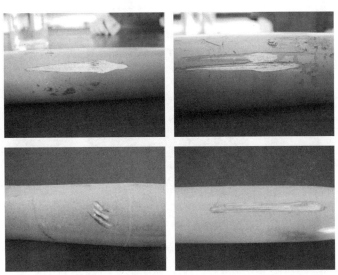

图 8-40　飞机操纵系统拉杆表面划伤

针对该类表面划伤问题,当采用普通 MIG 焊接熔覆的方法进行修复时,由于拉杆为空心薄壁结构,线能量过大时容易焊透和产生热变形,而且熔覆层容易出现气孔、夹杂物等缺陷,影响再制造修复的质量。根据本书的研究,当外加纵向磁场焊接熔覆时,可以减少热输入对拉杆的影响,并可细化熔覆层晶粒,抑制气孔的产生,提高拉杆修复的质量。

当采用磁场作用下焊接熔覆工艺时,根据上述工作流程可以对其进行快速再制造成形。根据拉杆划伤的损伤情况制定如下修复方案:

(1)根据拉杆的材料确定焊丝和焊接工艺并进行单焊道的试焊,确定单焊道的数学模型;

(2)根据焊道尺寸预测模型确定焊道搭接量和熔覆路径;

(3)根据划伤的长度、宽度编写机器人程序,并实施焊接熔覆;

(4)对熔覆后的拉杆进行精加工,恢复拉杆的表面尺寸,从而实现拉杆表面划伤的再制造修复。

拉杆的材料为 LY11 硬铝合金,属 Al-Cu-Mg 系合金,点焊焊接性良好,可热处理强化;熔覆材料选用 2319 铝合金焊丝,直径为 1.2mm,拉杆及焊丝化学成分如表 8-6 所示。

熔覆前对损伤的拉杆表面进行打磨预处理,如图 8-41 所示,本试验修复的拉杆划伤长度为 60cm,划伤深度为 1.5mm,采用优化的焊接熔覆工艺参数在划伤处进行熔覆,熔覆焊道长 65mm,熔覆 2 道,熔覆层为 1 层,如图 8-42 所示,工艺参数如表 8-7 所示,熔覆后,对熔覆层进行精加工处理,恢复拉杆的原始尺寸,如图 8-43 所示。

表 8-6 拉杆及焊丝化学成分(质量分数)(%)

材料	Si	Fe	Cu	Mn	Mg	Zn	Ti	Al
LY11	0.7	0.7	3.8~4.8	0.4~0.8	0.4~0.8	0.3	0.15	余量
2319	0.2	0.3	5.8~6.8	0.2~0.4	0.02	0.1	0.1~0.2	余量

表 8-7 拉杆焊接熔覆工艺参数

弧长修正/%	脉冲修正/%	熔覆速度/(mm/s)	送丝速度/(m/min)	磁场频率/Hz	励磁电流/A
-5	4	21	5	10	20

图 8-41 划伤表面预处理   图 8-42 划伤表面熔覆修复   图 8-43 修复后恢复拉杆原始尺寸

拉杆修复后考察其熔覆层的耐磨性,并与无磁场熔覆时以及基体的摩擦性能进行比较。摩擦试样从拉杆上截取,摩擦试验在 UMT-2 型球盘式摩擦磨损试验机上进行,试验条件为干摩擦,试验载荷为(20±0.5)N,每个试样摩擦出 4 条磨痕,每条磨痕的加载时间为 20min,测量试样摩擦前和摩擦后的质量,每个试样测量 3 次,取平均值作为试样质量,计算摩擦后试样的磨损质量。试样称重在分度值为 0.1mg 的 BT-224S 型电子分析天平进行，试验结果如表 8-8 所示。

表 8-8　摩擦试验结果 　　　　　　　　　　　　（单位：g）

试验号	试样	工艺条件	磨损前平均质量	磨损后平均质量	质量差
1	熔覆层	无磁场	29.9640	29.9561	0.0079
2	熔覆层	纵向磁场	31.2637	31.2566	0.0071
3	拉杆基体		28.0011	27.9551	0.0460

图 8-44 为不同条件下熔覆层摩擦性能的对比，由试验结果可知，拉杆基体的磨损质量为 0.006g，当无外加磁场熔覆成形时，熔覆层磨损质量为 0.0079g，当外加磁场焊接熔覆时，熔覆层磨损质量为 0.0071g，比无磁场熔覆时磨损质量降低，熔覆层的耐磨性能有所提高，可以恢复到基体的 84.5%。

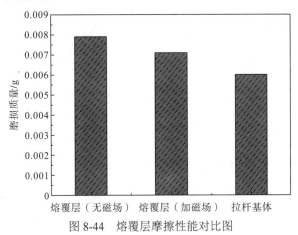

图 8-44　熔覆层摩擦性能对比图

8.5.2　铝合金摇臂再制造修复

某型飞机操纵系统摇臂，在维护检查中通过探伤发现在摇臂接耳的根部出现了疲劳裂纹，裂纹位置如图 8-45(b)所示，由于裂纹的位置在摇臂内部，采用常规的焊接方法无法进行焊接修复。

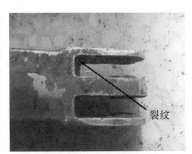

(a) 飞机操纵系统摇臂　　　　　　(b) 裂纹位置局部放大

图 8-45　铝合金摇臂接耳根部裂纹

根据摇臂裂纹的位置特点，采用纵向磁场作用下焊接熔覆工艺对摇臂进行修复，修复方案如下：

（1）沿裂纹部位将整个接耳部位切除，并开坡口，打磨，如图8-46(c)所示，采用本工艺成形切除掉的接耳部分，修复示意图如图8-46(a)所示；

（2）根据摇臂的材料选择焊丝并进行试焊，确定单道焊道的数学模型；

（3）根据焊道尺寸预测模型确定焊道搭接量和熔覆路径；

（4）根据摇臂接耳尺寸编写机器人程序，并实施焊接熔覆；

（5）对熔覆后的摇臂进行精加工，恢复摇臂的表面尺寸。

铝合金摇臂的材料为2A50铝合金，属Al-Cu-Mg-Si系可热处理强化的铝合金，该合金的接触焊、点焊、滚焊性能好。在本试验中，熔覆材料选用2319铝合金焊丝，直径为1.2mm，摇臂及焊丝化学成分如表8-9所示。

表8-9 摇臂及焊丝化学成分（质量分数）(%)

材料	Si	Fe	Cu	Mn	Mg	Zn	Ti	Al
2A50	0.7~1.2	0.7	1.8~2.6	0.4~0.8	0.4~0.8	0.3	0.15	余量
2319	0.2	0.3	5.8~6.8	0.2~0.4	0.02	0.1	0.1~0.2	余量

焊接熔覆时，在接耳部位的下方放置基板，基板的材质与摇臂相同，按照图8-46(b)规划的路径在基板上进行熔覆，焊接熔覆工艺参数如表8-10所示，熔覆完成后对近净成形件进行后续的机械加工处理，恢复摇臂的原始尺寸，如图8-46(d)所示，由图可见，采用本方案修复的摇臂接耳几何尺寸与原件一致，表面成形质量和尺寸精度较高。

表8-10 摇臂焊接熔覆工艺参数

弧长修正/%	脉冲修正/%	熔覆速度/(mm/s)	送丝速度/(m/min)	磁场频率/Hz	励磁电流/A
-3	4	21	7	10	20

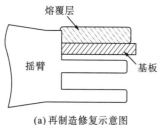

(a) 再制造修复示意图

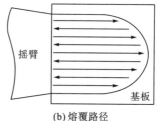

(b) 熔覆路径

(c) 摇臂沿裂纹处切除、打磨

(d) 再制造成形后的摇臂

图8-46 铝合金摇臂的再制造修复

　　摇臂再制造后，测试熔覆部分与基体的结合强度，本试验采用 2A50 铝合金试板进行对接焊，焊后加工拉伸试样考察对接焊的结合强度，试样的加工为沿焊缝横向取样，试样截取示意图及加工后的试样如图 8-47 所示。

　　2A50 铝合金板厚度为 4mm，焊丝选用 2319 铝合金，焊接工艺分别取无磁场和外加纵向磁场条件下的焊接熔覆工艺，其他参数如表 8-10 所示，拉伸试验结果及对比图如图 8-48 所示。

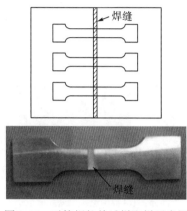

图 8-47　对接焊拉伸试样取样示意图

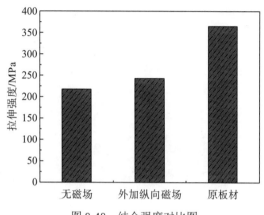

图 8-48　结合强度对比图

　　由试验结果可见，2A50-T6 原板材的拉伸强度为 360MPa，无磁场对接焊时，其拉伸强度为 218MPa，外加纵向磁场焊接时，拉伸强度为 245MPa，比无磁场时提高了 27MPa，在无热处理条件下拉伸强度可达原板材的 68%，可满足战场条件下备件服役性能要求。

8.5.3　铝合金支座快速成形

　　图 8-49 为某型飞机铝合金支座，该件的材质为 ZL201。该型飞机在进厂大修时，发现该支座靠近翼根的固定螺栓处发生断裂，该支座的制造工艺为铸造，如果在战场条件下发生该类断裂，不能及时提供备件，将影响装备的完好和战斗力。本节采用纵向磁场作用下的焊接熔覆技术，快速再制造成形铝合金支座备件。

　　铝合金支座快速成形的流程按照 6.3 节中工艺流程执行，成形焊丝选用直径为 1.2mm 的 ER5356 铝合金焊丝，基板选用 6061 铝合金板，工艺参数与摇臂焊接熔覆工艺参数相同，如表 8-10 所示。

　　在确定焊丝和优化成形工艺后，成形该支座的关键过程是规划支座成形的熔覆路径，根据支座的形状特点，按照熔覆分层理论支座的成形过程可分为三个部分：第一部分是成形支座的底座；第二部分是成形支座侧壁高度以下的部分，沿高度方向成形主支撑壁和侧壁；第三部分是成形支座侧壁高度以上的部分，成形主支撑壁部分，各部分熔覆路径规划示意图如图 8-50 所示。

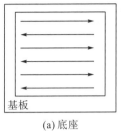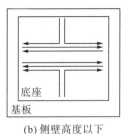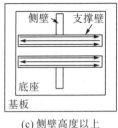

(a) 底座   (b) 侧壁高度以下   (c) 侧壁高度以上

图 8-49 某型飞机铝合金支座   图 8-50 各部分熔覆路径规划示意图

按照上述规划的路径进行离线编程，生成机器人焊接控制程序，抓取焊枪进行备件的快速成形，成形过程如图 8-51 所示。

(a) 成形支座底座   (b) 成形支座侧壁高度以下部分   (c) 成形支座侧壁高度以上部分

图 8-51 铝合金支座的成形过程

快速成形后的支座备件，根据第 5 章中成形性能的测试分析结果可知，工艺优化后成形件的拉伸强度可达 278MPa，而原件通过铸造工艺制造，经 T4 工艺处理后抗拉强度为 295~315MPa。

战场抢修条件下，备件往往是临时的替换零件，其服役要求是能够快速制造出临时替换用的备件，保证装备继续完成一次战斗，本例中铝合金支座制造耗时 5h，快速成形的近净成形件具有一定的尺寸精度，经过少量后续加工即可获得外形尺寸与原件一致的支座备件，如图 8-52 所示，快速成形的铝合金备件不仅具有较高的成形质量和尺寸精度，还具有较高的力学性能，可以满足战场抢修条件下备件的服役性能要求。

图 8-52 机械加工后的铝合金支座

参 考 文 献

[1] 常云龙, 邵礼光, 李多, 等. 外加纵向磁场作用下的 MIG 焊电弧形态[J]. 焊接技术, 2009, 38(5): 14-16, 4.

[2] 解生冕, 赵朋成, 黄石生, 等. 双丝共熔池 GMAW 焊接熔池流场和温度场数学模型[J]. 自动化技术与应用, 2008, 27(8):

39-43.

[3] Jhaveri P. The effect of the plate thickness and radiation on heat flow in welding and cutting[J]. Welding Journal, 1962, 41(1): 12-16.

[4] Pavelic V, Tanbakuchi R, Uyehara O A, et al. Experimental and computed temperature histories in gas tungsten-arc welding of thin plates[J]. Welding Journal, 1969, 48(7): 295-305.

[5] Ohji T, Nishiguchi K. Mathematical modeling of a molten pool in arc welding of thin plate[J]. Technology Reports of the Osaka University, 1983, 33(1688): 35-43.

[6] 曹振宁. TIG/MIG 焊接熔透熔池流场与热场的数值分析[D]. 哈尔滨: 哈尔滨工业大学, 1993.

[7] 阿勃拉洛夫 M A, 阿勃杜拉赫曼诺夫 P Y. 电磁作用焊接技术[M]. 韦福水, 路登平, 译. 北京: 机械工业出版社, 1988.

[8] 贾昌申. 双向纵向脉冲磁场作用下的焊接熔池行为和焊缝成形[R]. 西安: 西安交通大学科研处科技情报室, 1986.

[9] 周振丰. 金属熔焊原理及工艺[M]. 北京: 机械工业出版社, 1981.

[10] 水野政夫, 襄田和之, 阪口章. 铝及其合金的焊接[M]. 许慧姿, 译. 北京: 冶金工业出版社, 1985.

[11] 傅积和, 孙玉林. 焊接数据资料手册[M]. 北京: 机械工业出版社, 1994.

[12] 中国机械工程学会焊接学会. 焊接手册: 第 2 卷[M]. 北京: 机械工业出版社, 1995.

[13] 叶罗欣 A A. 熔焊原理[M]. 北京: 机械工业出版社, 1981.

[14] 张文钺. 焊接冶金学: 基本原理[M]. 北京: 机械工业出版社, 1995.

[15] 王后孝. 熔焊过程的热效率[J]. 焊接, 2007(10): 15-19, 61.

[16] Singh M, Indacochea J E. Joining of advanced and specialty materials[J]. Materials Technology, 1999, 14(1): 37.

[17] Arenas M, Acoff V L, El-Kaddah N. Mathematical Modelling of Weld Phenomena 5[M]. London: IOM Communications, 2001.

[18] Tsai N S, Eagar T W. Distribution of the heat and current fluxes in gas tungsten arcs[J]. Metallurgical Transactions B, 1985, 16(4): 841-846.

[19] 关桥, 彭文秀, 刘纪达, 等. 焊接热源有效利用率的测试计算法[J]. 焊接学报, 1982, 3(1): 10-24.

[20] Dupont J N, Marder A R. Thermal efficiency of arc welding processes[J]. Welding Journal, 1995, 74(12): 406-416.

[21] 樊艳峰, 刘金合, 罗晓娜, 等. 低功率激光-TIG 电弧复合焊接不锈钢熔深研究[J]. 航空制造技术, 2008, 51(22): 84-87.

[22] 曹勇. 机器人 GMAW 数控铣削复合快速制造与再制造研究[D]. 北京: 中国人民解放军装甲兵工程学院, 2010.

[23] 曹勇, 朱胜, 孙磊, 等. 基于小波变换的 MAG 快速成形焊缝截面建模[J]. 焊接学报, 2008, 29(12): 29-32, 114.

[24] 孟凡军, 朱胜, 杜文博. 基于 GMAW 堆焊成形的顺序焊道搭接量模型[J]. 装甲兵工程学院学报, 2009, 23(6): 87-90.

[25] Pérez C J L, Calvet J V, Pérez M A S. Geometric roughness analysis in solidfree form manufacturing processes[J]. Journal of Materials Processing Technology, 2001, 119(1-3): 52-57.

[26] 胡璐华. 基于 TIG 堆焊技术的熔焊成型轨迹规划研究[D]. 南昌: 南昌大学, 2007.

[27] 李敬勇, 章明明, 赵勇, 等. 铝合金 MIG 焊焊缝中气孔的控制[J]. 华东船舶工业学院学报(自然科学版), 2004, 18(5): 78-81.

[28] 闫志宙. Al-Mg-Si 系合金组织性能的变化特征[J]. 中国有色金属, 2008, (23): 70-71.

[29] 董杰, 刘晓涛, 赵志浩, 等. 7A60 超高强铝合金的低频电磁铸造(Ⅱ)——直径 0.2m 锭坯合金元素晶内固溶度及其力学性能[J]. 中国有色金属学报, 2004, 14(1): 117-121.

[30] 常云龙, 车小平, 李敬雅, 等. 外加磁场对 MIG 焊熔滴过渡形式和焊缝组织性能的影响[J]. 焊接, 2008, (10): 25-28, 70.

[31] 吕宏振. 铝合金激光立焊焊接特性及气孔问题研究[D]. 哈尔滨: 哈尔滨工业大学, 2006.

［32］ Fei W D, Kang S B. Effects of cooling rate on solidification process in Al-Mg-Si alloy［J］. Journal of Materials Science Letters, 1995, 14（24）: 1795-1797.

［33］ 陈忠伟, 王晓颖, 张瑞杰, 等. 冷却速率对 A357 合金凝固组织的影响［J］. 铸造, 2004, 53（3）: 183-186.

［34］ 孟凡军. 基于机器人 GMAW 堆焊再制造成形技术基础研究［D］. 北京: 中国人民解放军装甲兵工程学院, 2008.

第9章　熔覆与铣削增减材复合成形

9.1　基　本　原　理

熔覆与铣削增减材复合成形是基于"离散-近净堆积制造-铣削等减法加工净制造-逐层净堆积"原理，首先对再制造缺损模型进行分层，对每层通过熔覆堆积实现近净成形，然后采用铣削等减法加工对多余堆积量进行去除，实现每层的净制造，经逐层净制造，实现零件的再制造。其过程分为三个阶段：①采用熔覆工艺进行材料近净成形；②通过数控铣削对成形层堆积表面进行加工，实现净成形；③逐层进行熔覆堆积的近净成形和铣削去除净成形，最终实现零件的净成形再制造。熔覆与铣削复合成形过程如图 9-1 所示。

熔覆与铣削复合成形的优点有以下几个方面：

(1)较高的沉积效率使得堆积时间大幅缩短，同时层间冶金结合赋予零件极高的结合强度。

(2)近净成形堆积，使得数控铣削净成形和精加工耗时大幅缩短。

(3)基于不同数控铣削工艺实现了成形件结构面的快速近净成形和工作面净成形加工表面质量的精确控制(图 9-2)。

(4)去除堆积层表面的氧化物及杂质，对堆积表面进行洁净和活化，赋予后续堆积层新鲜的表面，使得后续成形堆积组织更为致密，减少夹杂、气孔等明显缺陷的发生，同时也有利于增强层间结合力。

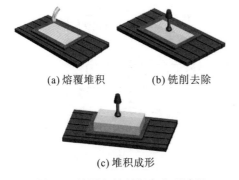

(a) 熔覆堆积　　(b) 铣削去除

(c) 堆积成形

图 9-1　熔覆与铣削复合成形过程

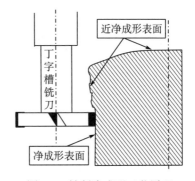

图 9-2　铣削净成形工艺原理

传统的成形方法(如去除成形和受迫成形)是无法与材料制备过程相结合的。在去除成形和受迫成形范畴内，材料制备过程基本上总先于材料成形过程。而在快速制造中，将各种材料离散成各种材料单元，然后在 CAD 模型和材料模型的控制下，有序地堆积组装各种材料单元而形成任意复杂的三维实体。在实体的空间上，任意一点既体现了零件的拓扑属性，又体现了零件的材料属性，即体现了材料制备和零件成形的统一性。零件的材料属性取决于各材料单元的材料性质；其拓扑属性则取决于各种材料单元的连接方式与定位精度等，这样就有可能实现材料成形过程与材料制备过程的统一。例如，在采用快速制造技术进行非均质材料的成形制造时，就是材料制备和材料组装两个过程在时序上的有机统一。

采用熔覆与铣削复合成形逐层堆积，在保证成形快速高效的同时，所得到的又是具有一定精度的近净成形件，因此随后只需少量的加工；同时，在后续的加工处理中，它既可以看成对近净成形件的延续加工，又可以看成进行精密切削加工的预加工，很好地体现了快速性和精密性的交叉和融合。

9.2　成 形 工 艺

熔覆与铣削复合成形再制造过程：①根据待修复零件的材料确定熔覆材料和工艺；②采用三维激光扫描仪对焊道进行扫描、数据处理和数学建模；③采用三维激光扫描系统对损伤零件进行扫描，并与标准零件的 CAD 模型进行比较，得到零件的数字化缺损模型；④结合焊道数学模型对零件的数字化缺损模型进行分层处理，逐层进行熔覆路径规划并实施堆积；⑤数控加工系统逐层对修复层进行表面平整或净成形；⑥逐层进行熔覆堆积和加工去除；⑦对零件修复体进行精加工，从而实现零件的快速再制造，如图 9-3 所示。

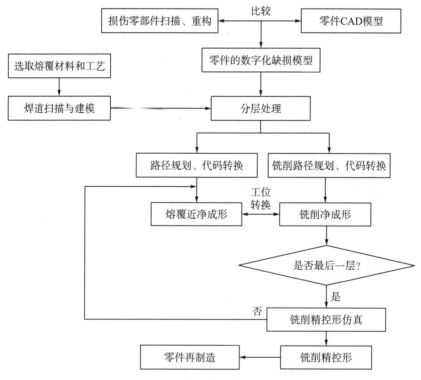

图 9-3　零件快速再制造过程示意图

为了提高再制造零件的表面耐磨性能和腐蚀性能，基于本系统，可以首先采用低成本材料进行熔覆堆积，然后采用具有优异耐磨性能或耐腐蚀性能的熔覆丝材进行堆积，从而实现金属零件的高效率、低成本、高质量快速制造。本章就以钢质材料为例说明该工艺制备耐磨层和耐蚀层的过程。

9.3　表面耐磨层制备

9.3.1　试验条件及工艺

试样基体采用直径为 0.8mm 的 H08Mn2Si 焊丝快速堆积而成。耐磨层采用直径为 1.2mm 的 UTP 焊丝，焊丝成分为 C(0.047%，质量分数，下同)、Mn(0.40%)、Cr(9.15%)、Si(3.10%)、S(≤0.002%)、Cu(≤0.19%)，其余为 Fe。

采用扫描电子显微镜及能谱分析仪分析块体材料的微观组织形貌和元素分布，利用纳米硬度计测量涂层与层制造基体界面处的硬度变化。摩擦磨损试验在 T11 型高温摩擦磨损试验机上进行。采用失重法来评价材料的耐磨性，摩擦因数根据摩擦力计算得到。

9.3.2　耐磨层的组织形貌

图 9-4 给出了基体-覆层的组织形貌和各元素的面分布图。基体主要为铁素体和珠光体，覆层主要由奥氏体和二次渗碳体组成[1]。覆层和基体内部组织都较为致密，无裂纹、气孔等缺陷出现。界面处结合紧密，Cr、Si、Mn 元素沿基体-覆层方向呈梯度变化，也表明由 Cr、Fe、C 元素形成的 $(Cr，Fe)_7C_3$ 硬质相在覆层内均匀分布。

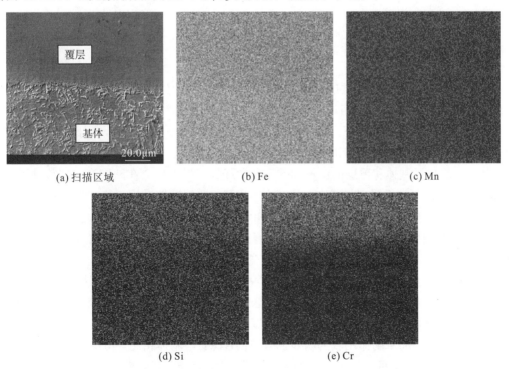

(a) 扫描区域　　　　　(b) Fe　　　　　(c) Mn

(d) Si　　　　　(e) Cr

图 9-4　基体-覆层的组织形貌和各元素的面分布图

9.3.3 耐磨层的硬度

图 9-5 显示了基体-过渡区-覆层材料纳米压痕试验中的载荷-位移曲线。可以看出，相同载荷下，沿基体-覆层方向纳米压痕位移呈减小趋势，表明沿此方向材料硬度逐渐增加。

图 9-6 显示了基体与覆层过渡区的硬度变化。可以看出，基体的硬度为 3.2GPa，沿基体-覆层方向随着距离的增加，基体硬度上升到 9.01GPa 并趋于恒定。在基体区域，由于基体中的 C、Cr、Si 等合金元素含量都较低，基体硬度较低。在覆层区域，高含量的 Si 对覆层具有显著的强化效果，同时由于 $(Cr，Fe)_7C_3$ 等硬质相的弥散强化[2, 3]，材料硬度大幅上升。

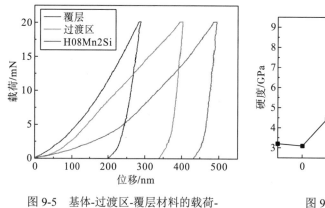 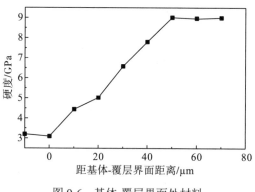

图 9-5 基体-过渡区-覆层材料的载荷-位移曲线

图 9-6 基体-覆层界面处材料硬度变化

9.3.4 耐磨层的摩擦学性能

图 9-7 给出了基体和覆层的磨损失重。可以看出，基体的磨损失重为 26.7mg，而覆层的磨损失重仅为 4.52mg，相对耐磨性提高了 4.91 倍，这主要是由于在 Si 的固溶强化以及碳化物颗粒弥散强化作用下，涂层硬度大幅提高，使磨粒楔入受阻，耐磨性得以增强。这也表明通过对基体进行焊接改性，可使得基体服役性能大幅提高。

图 9-8 给出了基体和覆层的摩擦因数变化曲线。可以看出，在摩擦磨损试验过程中，基体的摩擦因数要高于覆层材料，而且磨损不平稳。覆层摩擦过程平稳，摩擦因数保持在 0.13 左右。这是由于基体与 GCr15 钢相比相对较软，GCr15 微凸体更易于楔入基体，所受阻力大，摩擦因数要高于覆层材料。基体磨损过程中出现的不平稳是微凸体每次楔入基体深度及宽度的不均匀，导致摩擦阻力发生变化而引起的。

图 9-9 给出了基体和覆层磨损的表面形貌。可以看出，基体的磨损试样表面有较深的犁沟，这些犁沟平行于滑动方向，并且其边缘几乎看不到塑性变形的痕迹，表明磨损失效机制主要是显微切削。这主要是由于基体硬度远小于 GCr15，GCr15 微凸体楔入基体的深度大，对基体产生的犁削作用较为明显，沟槽宽且深。与基体相比，覆层磨损表面较为光滑，犁沟条纹较浅，数目也较少，同时磨损表面有少量凹坑。其磨损机制以显微切削为主，同时伴有接触疲劳磨损。覆层硬度较高，当硬质磨粒划过覆层表面时，楔入深度小，对覆

层的犁削作用较弱，从而形成较浅的沟槽。凹坑是硬度较高的磨屑以及脱落的$(Cr，Fe)_7C_3$等硬质颗粒多次对覆层表面进行碾压致使覆层局部出现接触疲劳失效并脱落而造成的。

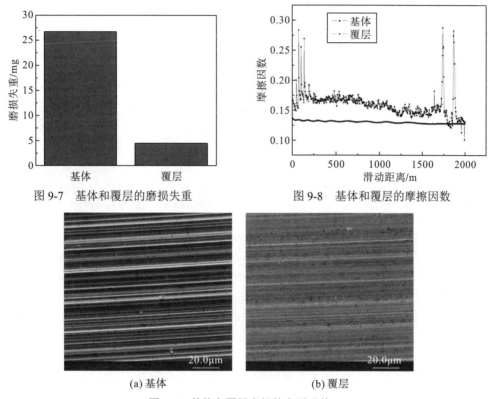

图 9-7　基体和覆层的磨损失重　　　　　图 9-8　基体和覆层的摩擦因数

(a) 基体　　　　　　　　　　(b) 覆层

图 9-9　基体和覆层磨损的表面形貌

9.4　表面耐蚀层制备

为了提高快速制造材料的表面耐蚀性能，本书基于构建的机器人 GMAW-数控铣削复合快速制造系统，首先采用 H08Mn2Si 焊接材料制备耐蚀材料的基材，并采用 ER308L（H00Cr21Ni10）焊丝制备耐蚀涂层，分析测试焊接快速堆积材料表面的耐蚀性能和界面行为，耐蚀涂层成分组成如表 9-1 所示。

表 9-1　耐蚀焊丝型号及其化学成分组成（质量分数）（%）

AWS 型号	C	Si	Mn	Cr	Ni
ER308L	0.01	0.4	1.7	21	10

注：AWS 指 American Welding Society。

9.4.1　试验条件及工艺

成形结构材料采用 H08Mn2Si 焊丝材料，焊丝直径为 0.8mm，基材为中碳钢，采用铣削加工除掉试样表面的污染物和氧化物。焊接保护气体为 Ar（80%）＋CO_2（20%）。采用对结构材料表面进行快速改性来提高材料表面的耐蚀性能。

9.4.2　组织形貌

图 9-10 给出了基体-覆层的组织形貌和各元素的面分布图。基体主要为铁素体和珠光体，覆层主要由奥氏体和铁素体组成。覆层和基体内部组织都较为致密，无裂纹、气孔等缺陷出现。界面处结合紧密，Cr、Ni 沿基体-覆层方向呈递增趋势。

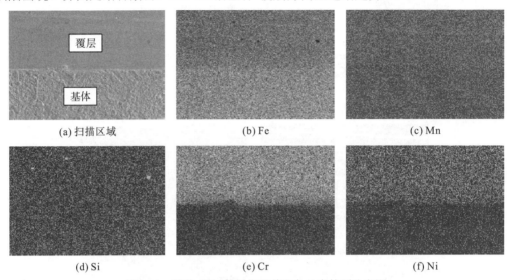

图 9-10　基体-覆层的组织形貌和各元素的面分布图

9.4.3　硬度

图 9-11 给出了基体-覆层界面处材料的硬度变化。可以看出，基体的硬度为 3.2GPa，沿基体-覆层方向随着距离的增加，材料硬度上升到 7.5GPa 并逐渐稳定。在基体区域，由于材料中的 C、Cr、Si 等合金元素含量都较低，材料硬度较低。在覆层区域，高含量的 Ni、Cr 对覆层具有显著的强化效果，使得材料硬度大幅上升。

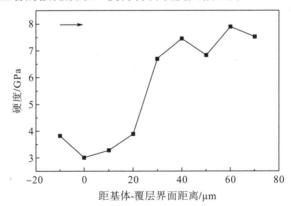

图 9-11　基体-覆层界面处材料硬度变化
图中箭头表示基体至覆层的方向

9.4.4 耐腐蚀性能

1）Tafel 曲线

图 9-12 给出了 H08Mn2Si 和 H00Cr21Ni10 材料试样在 3.5%NaCl 溶液中的 Tafel 曲线。可以看出，H00Cr21Ni10 材料发生了明显钝化，而 H08Mn2Si 材料未发生钝化。表 9-2 给出了 H08Mn2Si 和 H00Cr21Ni10 两种材料的自腐蚀电位和自腐蚀电流。可以看出，H00Cr21Ni10 材料的自腐蚀电位(-0.65V)比 H08Mn2Si 材料的自腐蚀电位(-0.93V)要正移，这表明 H08Mn2Si 材料发生腐蚀的倾向更大，H00Cr21Ni10 材料的自腐蚀电流小于 H08Mn2Si 材料的自腐蚀电流。

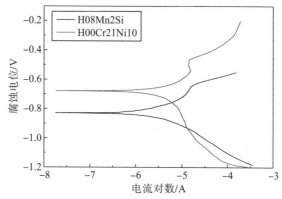

图 9-12　H08Mn2Si 和 H00Cr21Ni10 材料的 Tafel 曲线

表 9-2　H08Mn2Si 和 H00Cr21Ni10 材料的电化学特性

参数	自腐蚀电位/V	自腐蚀电流/mA
H08Mn2Si	-0.93	6.6
H00Cr21Ni10	-0.65	2.87

2）盐雾试验

图 9-13 给出了 H08Mn2Si 和 H00Cr21Ni10 试样进行盐雾试验 6h 后的结果。可以看出，H08Mn2Si 焊接试样表面已产生明显锈蚀，而 H00Cr21Ni10 焊接试样没有发现明显锈蚀，表明对普通焊接堆积材料表面进行改性，可大幅提高其耐蚀性。

(a) H08Mn2Si焊接试样　　　(b) H00Cr21Ni10焊接试样

图 9-13　不同试样盐雾试验 6h 后的宏观腐蚀形貌

3）浸泡试验

图 9-14 给出了焊接快速成形堆积试样及其经 H00Cr21Ni10 表面改性后的试样在 3.5%NaCl 溶液中浸泡 120h 后的腐蚀失重。

可以看出，经表面采用 H00Cr21Ni10 改性后的试样腐蚀失重仅为焊接快速成形堆积试样的 54.5%，这主要是由于 Ni 是热力学稳定性比 Fe 高的元素，Ni 的添加能使活化溶解时稳定的腐蚀电位向正方向移动，提高 Fe 的热力学稳定性，使此电位下的稳定腐蚀电流向减小方向移动。

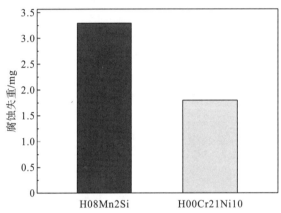

图 9-14　不同试样在 20℃3.5%NaCl 溶液中浸泡 120h 后的腐蚀失重

4）腐蚀形貌及耐蚀机制

图 9-15 给出了快速成形材料表面和改性材料表面经 20℃3.5%NaCl 溶液浸泡 120h 后的表面微观形貌。可以看出，焊接快速成形材料表面发生了严重的氧化，由于腐蚀电流分布不均匀，材料表面形成了诸多呈凹凸不平的氧化腐蚀产物。与此相比，改性材料表面较为平整光洁，这是由于材料中含 Cr 和 Ni 较高，而 Ni 是重要的合金元素，也是提高钢的耐蚀性最有效的元素，Cr 是提高钢钝化膜稳定性的必要元素，材料的耐蚀性随 Cr 含量的增加而提高，当 Cr 达到 13%时，将大大提高钢的电极电位，而当材料中 Cr 含量达到 21%时，在基材表面形成富 Cr 氧化膜（钝化膜）使耐蚀性发生跃进式的突变，从而使得快速成形材料表面的耐蚀性提高。

(a)快速成形材料表面　　　　　　　　　　　(b)改性材料表面

图 9-15　不同试样在 20℃3.5%NaCl 溶液中浸泡 120h 后的表面微观形貌

9.5　断裂右凸轮的快速再制造

9.5.1　零件 CAD 建模

零件的建模方法主要有两种：①直接采用三维建模软件进行建模；②采用三维激光扫描进行现场建模。本例采用三维激光扫描系统进行建模，图 9-16 为断裂右凸轮的实际零件，图 9-17 给出了右凸轮的三维激光扫描过程，图 9-18 给出了重构的右凸轮三维模型。

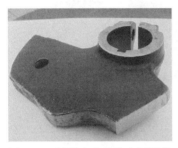

图 9-16　断裂右凸轮的实际零件　　图 9-17　右凸轮三维激光扫描过程　图 9-18　重构的右凸轮三维模型

9.5.2　缺损模型的建立

基于机器人三维激光扫描系统对断裂的右凸轮进行扫描，并与完好的右凸轮模型进行比较，得到缺损模型。图 9-19、图 9-20 分别给出了缺损右凸轮扫描过程和缺损右凸轮重构模型，图 9-21、图 9-22 分别给出了经比较得到的右凸轮三维缺损模型平面图及实体图。

图 9-19　缺损右凸轮扫描过程　　　　　　　　图 9-20　缺损右凸轮重构模型

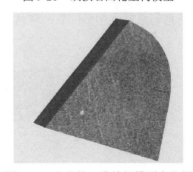

图 9-21　右凸轮三维缺损模型平面图　　　　图 9-22　右凸轮三维缺损模型实体图

9.5.3　路径规划及增材堆积

根据右凸轮材料选取 UTP 600 耐磨焊丝进行堆积。焊接工艺为耐磨层采用直径为 1.2mm 的 UTP 焊丝。图 9-23 和图 9-24 分别给出了焊接堆积近净再制造成形路径规划和焊接堆积再制造过程。

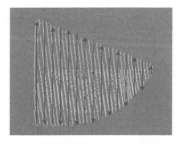

图 9-23　焊接堆积近净再制造成形路径规划　　　　图 9-24　焊接堆积再制造过程

9.5.4　铣削路径规划及其形态控制

逐层对焊接堆积近净再制造成形层进行数控铣削去除，焊接堆积完成后，对再制造零件进行净成形，图 9-25 和图 9-26 分别给出了堆积层铣削过程和最终完成的再制造零件。

图 9-25　焊接堆积层的铣削去除　　　　图 9-26　快速再制造的断裂零件

9.5.5　再制造件形态检测

图 9-27 给出了再制造右凸轮各个位置的标志点。表 9-3 给出了再制造右凸轮各个位置的制造尺寸和精度要求以及实际制造的尺寸。可以看出，采用机器人 GMAW-数控铣削复合快速再制造技术制造的右凸轮达到了实际生产要求。

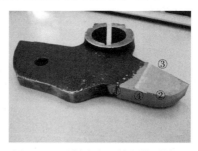

图 9-27　再制造右凸轮各位置编号

表 9-3 快速再制造右凸轮各位置尺寸精度 R 检测 （单位：mm）

位置	生产制造要求	实际值	位置	生产制造要求	实际值
①	17.5±0.50	17.40	③	90±0.30	90.20
②	25±0.30	25.10	④	12±0.50	11.85

9.5.6 再制造件性能检测

图 9-28 给出了基体-覆层的组织形貌和 Cr、Si 元素的面分布结果。可以看出，覆层主要由奥氏体和二次渗碳体组成。覆层与基体内部组织都较为致密，无裂纹、气孔等缺陷出现。界面处结合紧密，Cr、Si 元素沿基体-覆层方向呈梯度变化，也表明由 Cr、Fe、C 元素形成的 $(Cr，Fe)_7C_3$ 硬质相在覆层内均匀分布。

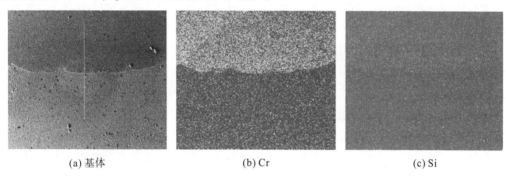

(a) 基体   (b) Cr   (c) Si

图 9-28 基体-覆层的组织形貌和 Cr、Si 元素面扫描

图 9-29 给出了基体-过渡区-修复体纳米压痕试验中的载荷-位移曲线。可以看出，相同载荷下，沿基体-修复体方向纳米压痕位移呈减小趋势，表明沿此方向材料硬度逐渐增加。

图 9-30 给出了基体-过渡区-修复体的硬度变化。可以看出，基体的硬度为 2.3GPa，沿基体-修复体方向随着距离的增加，材料硬度上升到 16.2GPa。在右凸轮基体区域，由于材料中的 C、Cr、Si 等合金元素含量都较低，材料硬度较低。在修复体区域，高含量的 Si 对涂层具有显著的强化效果，同时由于 $(Cr，Fe)_7C_3$ 等硬质相的弥散强化，硬度大幅上升。

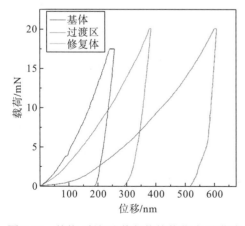

图 9-29 基体-过渡区-修复体的载荷-位移曲线

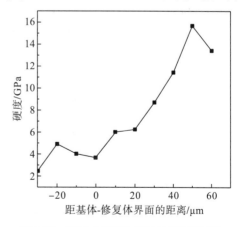

图 9-30 基体-过渡区-修复体的硬度变化

9.5.7 效益评估

效益评估主要从材料利用率、再制造时间、再制造质量、经济性、服役环境等方面来进行阐述。

从材料利用率方面来讲，传统工艺修复磨损或断裂零件的"填充体积"远大于实际所需要的"缺损体积"，大量多余"填充体积"的去除不仅需要消耗更多的工时，而且导致材料利用率降低。机器人 GMAW-数控铣削快速再制造系统实现了再制造全过程的数字化精确形态控制，其"填充体积"略大于"缺损体积"，从而使得材料利用率大幅提高。

从再制造时间上来讲，传统工艺自动化程度低，工艺流程复杂，各工序控形精度不易保证，导致再制造时间大幅增加。采用机器人 GMAW-数控铣削快速再制造系统即可实现报废零件的快速再制造，工序得到极大简化，而且"多余体积"去除量大幅减少，从而使得再制造时间缩短。

从再制造质量上来讲，采用传统的焊接工艺对断裂关键零件进行修复时，其电流相对较大，基材组织受到较大影响。本系统采用脉冲小电流焊接，热输入量较低。因此，降低了对基材的影响。

从经济性上来讲，对于断裂或磨损量超过修复极限的零件常常直接报废，其价值等同于废品价值，不到新品的 1/10，而采用机器人 GMAW-数控铣削快速再制造系统后，再制造成本仅为零件新品的 1/5～1/3，不仅恢复并且提升了零件的二次服役性能，而且具有良好的经济性。

从服役环境上来讲，对于沙漠油井、舰船远航、海外维和、极地科考等苛刻环境下突发性的零件断裂或磨损失效，备件无法及时供应而导致工作受限。因此，机器人 GMAW-数控铣削快速再制造系统更适合极限环境下零件快速、高效、精确的供送保障。

参 考 文 献

[1] 孟凡军, 朱胜, 巴德玛. 45CrNiMOVA 钢堆焊修复层组织及摩擦学性能[J]. 机械工程学报, 2008, 44(4): 150-153.

[2] 蒋建敏, 夏立明, 贺定勇, 等. 铌含量对 Fe-Cr-C 熔敷金属组织与性能的影响[J]. 中国表面工程, 2009, 22(5): 62-65.

[3] 张元彬, 史耀武. Fe-Cr-Ti-Nb-V-C 系堆焊层的组织及耐磨性研究[J]. 中国表面工程, 2006, 19(4): 40-42.